1 対称

① 線対称な図形

1 本の直線を折り目にして 2 つに折るとき、折り目 〔 〕 ったり重なり合う図形を、線対称な図形といいます。

1 右の図は、2 つに折るとぴったり重なります。　📖教14ページ❷　20点(1つ10)

① どのように折ればぴったり重なりますか。図に折り目を────でかき入れましょう。

② ①でかいた、折り目になる直線を何といいますか。

（　　　　　　　　）

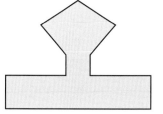

2 右の図は、線対称な図形です。　📖教15〜16ページ❸、16ページ▶、17ページ▶　50点((　)1つ10)

① 次の点や辺に対応する点や辺はどれですか。

点C　（　　　　　　）

辺DE　（　　　　　　）

② 角Dと同じ大きさの角はどれですか。

（　　　　　　　）

③ 直線BHは、対称の軸とどのように交わっていますか。

（　　　　　　　　　）

④ 直線DIの長さが22mmのとき、直線FIの長さは何mmですか。

（　　　　　　　）

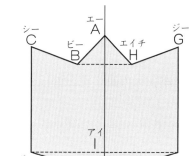

3 次の図は、直線アイを対称の軸とした線対称な図形の半分を表しています。残りの半分をかきましょう。　📖教18ページ❺　30点(1つ15)

①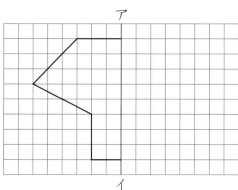

②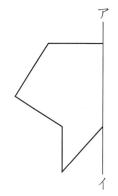

時間 ⑮15分	合格 80点	/100

サクッと
こたえ
あわせ

答え 81ページ

1 対称
② 点対称な図形

[1つの点を中心にして 180° 回転すると、もとの図形にぴったり重なり合う図形を、点対称な図形といいます。]

❶ 右の図は、点O(オー)を中心にして 180°回転させると、もとの図形にぴったり重なり合います。

📖 教19ページ❶   20点(1つ10)

① 右のような図形を何といいますか。

(　　　　　　　)

② 点Oを何といいますか。

(　　　　　　　)

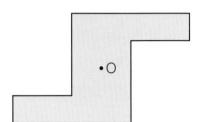

❷ 右の図は、点対称な図形です。   📖 教20ページ❷、21ページ▶   50点(①10、( )1つ10)

① 図に、対称の中心をかき入れましょう。

② 次の点、辺、角に対応する点、辺、角はどれですか。

点A (　　　　)

辺CD (　　　　)

角F (　　　　)

③ 対応する2つの点から対称の中心までの長さは、どのようになっていますか。

(　　　　　　　　　　　　　　　　　　)

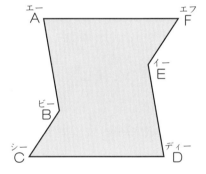

❸ 次の図は、点Oを対称の中心とした、点対称な図形の半分を表しています。残りの半分をかきましょう。   📖 教22ページ❹   30点(1つ15)

①

②

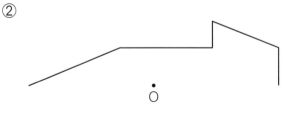

教科書 📖 19～22ページ

1 対称

③ 多角形と対称

[多角形には、線対称でもあり、点対称でもある図形があります。]

1 右の⑦～⑪の図について、答えましょう。　📖教25ページ**1**、▶

30点(全部できて1つ10)

① 線対称な図形をすべて選び、記号を書きましょう。

(　　　　　　　　　)

② 点対称な図形をすべて選び、記号を書きましょう。

(　　　　　　　　　)

③ 点対称な図形に、対称の中心をかき入れましょう。

⑦ 平行四辺形　　④ 長方形　　⑦ 正方形

⑤ 台形　　⑦ 直角三角形　⑦ 正三角形

2 右の正六角形について、答えましょう。　📖教26ページ**2**

50点(( )1つ10)

① 対称の軸は何本ありますか。

(　　　　　　　　　)

② 直線CFを対称の軸としたとき、次の点や辺に対応する点や辺はどれですか。

点A (　　　　　　) 辺DE (　　　　　　)

③ 点Gを対称の中心とするとき、次の辺や角に対応する辺や角はどれですか。

辺DE (　　　　　　) 角C (　　　　　　)

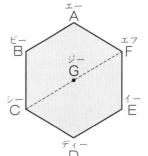

3 次の⑦～⑤の図について、線対称でもあり、点対称でもある図形はどれですか。すべて選び、記号を書きましょう。　📖教26ページ**2**、▶

全部できて20点

⑦ 正五角形　　④ 正八角形　　⑦ 正九角形　　⑤ 円

(　　　　　　　　　)

まとめのドリル
→4。 | 対称
たいしょう

時間 15分
合格 80点 /100

サクッと
こたえ
あわせ

答え 81 ページ

1 右の図は、線対称な図形です。 40点(( )1つ10)

① 対称の軸は何本ありますか。

( )

② 点C、点Gを通る直線を対称の軸と考えたとき、
次の点や辺に対応する点や辺はどれですか。

点B ( )

辺EF ( )

③ 直線AEと直線BHは、どのように交わっていますか。

( )

2 右の図は、点対称な図形です。 30点(( )1つ10)

① 次の角や辺に対応する角や辺はどれですか。

角E ( )

辺BC ( )

② いくつかの対応する点どうしを直線でつなぐと、直
線はある1点で交わります。この直線が交わる点を
何といいますか。

( )

⚠️ミスに注意!

3 右の図は、長方形です。 30点(1つ10)

① 直線アイを対称の軸とする線対称な図形と考えて、
点カに対応する点キを図にかき入れましょう。

② 直線ウエを対称の軸とする線対称な図形と考えて、
点カに対応する点クを図にかき入れましょう。

③ 点オを対称の中心とする点対称な図形と考えて、
点カに対応する点ケを図にかき入れましょう。

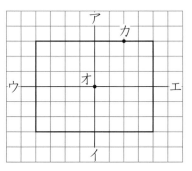

教科書 📖 12～29ページ

サクッと
こたえ
あわせ

2　文字と式
① いろいろな数量を表す式

[数や量を表すときに、□や○などの記号のほかに、a や x のような文字を使うことがあります。]

1 1枚40g のコインがあります。　📖教31ページ**1**　　　　　　30点

① コイン5枚のときの全体の重さは何 g ですか。　　20点（式全部できて15・答え5）

式　40 × □ = □

　　1枚の重さ　枚数　全体の重さ

答え（　　　　　　　）

② コイン x 枚のときの全体の重さを表す式を書きましょう。　　全部できて10点

式　(□ × □) g

2 次の数量を、a や x を使った式に表しましょう。　📖教32ページ**2**　　40点（1つ20）

① 縦の長さが8cm、横の長さが a cm の長方形の面積

（　　　　　　　　　）

② 1辺の長さが x cm の正十三角形のまわりの長さ

（　　　　　　　　　）

3 1個120円のりんごを何個か買って、300円の箱に入れました。　📖教33ページ▶

30点（①式15・答え5、②10点）

① りんごを10個買ったとき、全体の代金は何円ですか。

式

答え（　　　　　　　）

② りんごを x 個買ったときの全体の代金を、x を使った式で表しましょう。

（　　　　　　　　　）

2　文字と式
② 関係を表す式

❶ 正方形の1辺の長さとまわりの長さの関係を、式に表しましょう。

📖教34〜35ページ❶　60点(①全部できて40・②□1つ10)

① 1辺の長さ x cm、まわりの長さ y cm を次のような表にまとめました。
あいているところに数を書きましょう。

1辺の長さ x(cm)	1	2	3	4	
まわりの長さ y(cm)	4				

② 1辺の長さを x cm、正方形のまわりの長さを y cm として、x と y の関係を式に表しましょう。

$$x \times \boxed{} = \boxed{}$$

❷ 1本 0.9 L のジュースが x 本あります。　📖教35ページ❷　40点(1つ20)

① ジュースの本数を x 本、ジュースの量を y L として、x と y の関係を式に表しましょう。

(　　　　　　　　　)

② x が12のとき、y を求めましょう。

(　　　　　)

2　文字と式

③　文字にあてはまる数

[x をふくむ式がたし算の式になるときは、逆のひき算で x を求めることができます。]

❶ 250g の入れ物に、ある重さの油を入れました。　📖教36ページ❶　　20点

① 入れた油の重さを xg として、入れ物全体の重さを、式に表しましょう。

全部できて10点

$$\boxed{250} + \boxed{}$$

② 入れ物全体の重さが 520g のとき、入れた油の重さは何 g ですか。

10点（式全部できて5・答え5）

式　$\boxed{250} + \boxed{} = \boxed{}$

$x = \boxed{} - \boxed{}$

$x = \boxed{}$

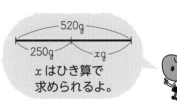

x はひき算で
求められるよ。

答え（　　　　　）

❷ x にあてはまる数を求めましょう。　📖教36ページ❶、38ページ❷　　60点（1つ10）

①　$x + 9 = 24$　　②　$47 + x = 61$　　③　$x - 18 = 75$

（$x =$　　　）　　（$x =$　　　）　　（$x =$　　　）

④　$x - 2 = 3.6$　　⑤　$7 \times x = 56$　　⑥　$x \times 8 = 44$

（$x =$　　　）　　（$x =$　　　）　　（$x =$　　　）

❸ 次の x にあてはまる数を、x に 6、7、8、…を入れて求めましょう。

📖教39ページ❷　20点（1つ10）

①　$x \times 8 + 5 = 69$　　　②　$4 \times x + 8 = 44$

（$x =$　　　）　　　　（$x =$　　　）

教科書 📖 36〜39ページ

2 文字と式

④ 式を読む

[x の 5 倍の数は、$x×5$ と表すことができます。]

1 くだもの店で買い物をします。バナナ
が 1 ふさ x 円、りんごが 1 個 150 円、
みかんが 1 個 80 円でした。次の①〜④
の式は、何の代金を表していますか。

📖教40ページ❶　40点(1つ10)

バナナ
1ふさx円

りんご
1個150円

みかん
1個80円

①　$x×5$

(バナナ5ふさの代金　　　　　　　　　)

②　$x+80$

(　　　　　　　　　　　　　　　　　　)

③　$x×4+150$

(　　　　　　　　　　　　　　　　　　)

④　$x×6+80×5$

(　　　　　　　　　　　　　　　　　　)

2 右の図のような、長方形を組み合わせた図形の面積を、
いろいろな考え方で求めます。①、②、③の式は、下の
㋐〜㋒のどの図から考えたものですか。

📖教40ページ❶　60点(1つ20)

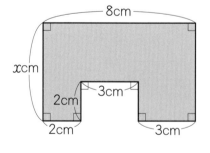

①　$x×2+(x-2)×3+x×3$　(　　　　)

②　$(x-2)×8+2×2+2×3$　(　　　　)

③　$x×8-2×3$　(　　　　)

㋐
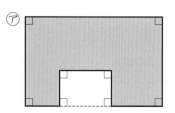

㋑
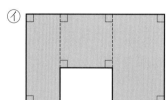

㋒
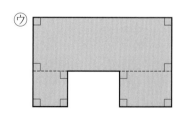

教科書 📖 **40**ページ

サクッと こたえ あわせ

3 分数と整数のかけ算とわり算

① 分数×整数の計算 ……(1)

答え 82ページ

[かける数の整数は、かけられる数の分子にかけます。]

1 かべにペンキをぬります。このペンキは 1dL あたり $\frac{2}{3}$ m² ぬれます。4dL では、何 m² ぬれますか。　📖教45〜46ページ**1**　40点

① 下の図の 4dL でぬれるところに色をぬりましょう。　12点

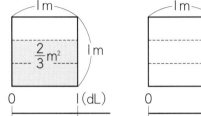
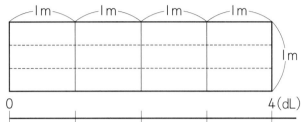

② 式を書きましょう。　全部できて10点

 $\times$ □

③ 計算のしかたを考えます。次の□にあてはまる数を書きましょう。　18点(□1つ2)

$\frac{2}{3}$ m² は、$\frac{1}{3}$ m² の □個分、$\frac{2}{3} \times 4$ は、$\frac{2}{3}$ m² の □個分だから、

$\frac{2}{3} \times 4$ は $\frac{1}{3}$ m² の（$2 \times$ □）個分です。

式　$\frac{2}{3} \times 4 = \frac{2 \times □}{3} = \frac{□}{3}$　　　答え $\frac{□}{□}$ m²

2 次の□にあてはまる数を書いて、計算しましょう。　📖教47ページ**2**

40点(全部できて1つ10)

① $\frac{3}{5} \times 4 = \frac{3 \times 4}{5} = \frac{□}{5}$

② $\frac{3}{4} \times 3 = \frac{3 \times □}{4} = \frac{□}{4}$

③ $\frac{7}{8} \times 2 = \frac{7 \times \overset{1}{2}}{\underset{4}{8}} = \frac{□}{□}$

④ $\frac{5}{12} \times 9 = \frac{5 \times \overset{3}{9}}{\underset{4}{12}} = \frac{□}{□}$

3 次の計算をしましょう。　📖教47ページ**2**　20点(1つ10)

① $\frac{9}{8} \times 2$

② $\frac{4}{9} \times 6$

3　分数と整数のかけ算とわり算

①　分数×整数の計算　……(2)

答え 83ページ

[帯分数に整数をかける計算では、帯分数を仮分数になおしてから計算します。]

❶ $1\frac{1}{3}×5$ の計算を、たつやさんとさゆりさんは、次のようにしました。□にあてはまる

数を書きましょう。　📖教48〜49ページ❸　　　　　　　　30点（全部できて1つ15）

① たつやさん

$$1\frac{1}{3}×5 \left\langle \begin{array}{c} 1×5 \\ \frac{1}{3}×5 \end{array} \right\rangle \square\ \frac{\square}{\square}$$

$$= \square\ \frac{\square}{\square}$$

② さゆりさん

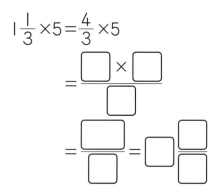

$$1\frac{1}{3}×5 = \frac{4}{3}×5$$

$$= \frac{\square×\square}{\square}$$

$$= \frac{\square}{\square} = \square\ \frac{\square}{\square}$$

⚠ミスに注意!

❷ 次の計算をしましょう。　📖教49ページ❸　　　　　　　　40点（1つ10）

① $1\frac{7}{8}×3$

② $2\frac{2}{5}×2$

③ $3\frac{3}{10}×5$

④ $5\frac{4}{9}×6$

❸ $1\frac{3}{4}$ L 入るバケツで水そうに水を入れます。このバケツで 3 回水を入れると、水

そうの水は何 L になりますか。　📖教49ページ▶　　　　　30点（式20・答え10）

式

答え（　　　　　　　）

サクッと
こたえ
あわせ

3　分数と整数のかけ算とわり算
② 分数÷整数の計算　……(1)　答え 83ページ

[分数÷整数の計算では、わる数の整数を、わられる数の分母にかけて計算します。]

❶ $\frac{3}{5}$ m² のかべをぬるのに、ペンキを 2dL 使います。このペンキは、1dL あたり何 m²

ぬれるでしょうか。　教50〜51ページ❶　　　　　　　　30点

① 式を書きましょう。　　　　全部できて10点

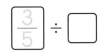

$\frac{3}{5}$ ÷ □

② 右の図に、1dL でぬれるところに色をぬりましょう。 10点

③ 1dL あたり何 m² ぬれるか、右の図から求めましょう。 10点

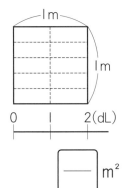

$\boxed{\dfrac{\ \ \ \ }{\ \ \ \ }}$ m²

よく読んで！

❷ $\frac{3}{5}$ m² のかべをぬるのに、ペンキを 4dL 使います。このペンキは、1dL あたり何 m²

ぬれるでしょうか。　教52ページ❷　　　　　　　　40点

① 式を書きましょう。　　　　　　　　　　　　20点

式

② 計算のしかたを考えます。次の□にあてはまる数を書き

ましょう。　　　　　　　　　20点(□1つ5)

右の図の ■ の面積は、$\frac{1}{5\times4}$ m² です。

1dL でぬれる面積は、■ の 3 個分だから、

$$\frac{3}{5} \div 4 = \frac{\boxed{\ }}{5\times\boxed{\ }} = \frac{3}{\boxed{\ }}$$

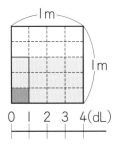

$\boxed{\dfrac{\ \ \ \ }{\ \ \ \ }}$ m²

❸ 次の□にあてはまる数を書きましょう。　教53ページ❸、❷　30点(全部できて1つ15)

① $\dfrac{8}{11} \div 4 = \dfrac{\boxed{\ }}{11\times\boxed{\ }} = \dfrac{\boxed{\ }}{\boxed{\ }}$

② $\dfrac{15}{8} \div 9 = \dfrac{\boxed{\ }}{8\times\boxed{\ }} = \dfrac{\boxed{\ }}{\boxed{\ }}$

サクッと
こたえ
あわせ

3　分数と整数のかけ算とわり算

② 分数÷整数の計算　……(2)　答え 83ページ

[帯分数を整数でわる計算では、帯分数を仮分数になおしてから計算します。]

❶ $2\frac{2}{3} \div 5$ の計算は次のようにします。□にあてはまる数を書きましょう。

📖教54ページ❹　全部できて10点

$$2\frac{2}{3} \div 5 = \frac{\boxed{}}{3} \div \boxed{} = \frac{\boxed{}}{\boxed{} \times \boxed{}} = \frac{\boxed{}}{\boxed{}}$$

❷ $3\frac{3}{7}$ m の長さのテープを、同じ長さになるように、8人で分けます。1人分のテープの長さは何 m ですか。　📖教54ページ❹　　30点(式20・答え10)

式

答え（　　　　　　　）

❸ 次の計算をしましょう。　📖教54ページ▶　　60点(1つ10)

①　$1\frac{1}{6} \div 2$

②　$2\frac{3}{5} \div 4$

③　$3\frac{1}{3} \div 3$

④　$1\frac{5}{7} \div 6$

約分できるときは、
約分するんだよ。

⑤　$4\frac{1}{6} \div 5$

⑥　$3\frac{7}{9} \div 4$

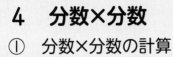

時間 **15**分　合格 **80**点　/100

サクッと
こたえ
あわせ

4　分数×分数
① 分数×分数の計算　……(1)　答え **83**ページ

分数に分数をかける計算は、分母どうし、分子どうしをかけて計算します。$\dfrac{\overset{\text{ビー}}{b}}{\underset{\text{エー}}{a}} \times \dfrac{\overset{\text{ディー}}{d}}{\underset{\text{シー}}{c}} = \dfrac{b \times d}{a \times c}$

❶ 赤いペンキは、IdL あたり $\dfrac{2}{5}$ m² ぬれます。このペンキ $\dfrac{2}{3}$ dL では、何 m² ぬれますか。

📖教61〜62ページ❶、62〜63ページ❷　50点

① 式を書きましょう。　　　全部できて10点

$$\boxed{\tfrac{2}{5}} \times \boxed{\tfrac{2}{3}}$$

② 右の図の $\dfrac{2}{3}$ dL でぬれる面積に、色をぬりましょう。　10点

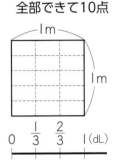

③ 計算で答えを求めましょう。　30点(式全部できて20・答え10)

式　$\dfrac{2}{5} \times \dfrac{2}{3} = \dfrac{2 \times \boxed{}}{5 \times \boxed{}} = \dfrac{\boxed{}}{\boxed{}}$

答え $\boxed{\dfrac{}{}}$ m²

❷ 青いペンキは、IdL あたり $\dfrac{3}{4}$ m² ぬれます。このペンキ $\dfrac{3}{2}$ dL では、何 m² ぬれますか。

📖教64ページ❸　50点

① 式を書きましょう。　10点

式

② 右の図の $\dfrac{3}{2}$ dL でぬれる面積に、色をぬりましょう。　10点

③ 計算で答えを求めましょう。　30点(式全部できて20・答え10)

式　$\dfrac{3}{4} \times \dfrac{3}{2} = \dfrac{3 \times \boxed{}}{4 \times \boxed{}} = \dfrac{\boxed{}}{\boxed{}}$

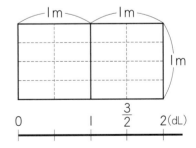

答え $\boxed{\dfrac{}{}}$ m²

教科書 📖 **60〜64ページ**

4　分数×分数

① 分数×分数の計算　　……(2)

計算のと中で約分すると、計算が簡単になります。分数のかけ算では、帯分数は仮分数になおして計算します。

❶ 次の□にあてはまる数を書きましょう。 📖教65ページ❹　10点（全部できて1つ5）

①
$$\frac{3}{8} \times \frac{4}{5} = \frac{3 \times \boxed{4}}{8 \times \boxed{}} \quad \text{約分} \; \boxed{}$$

$$= \frac{\boxed{}}{\boxed{}}$$

②
$$1\frac{3}{5} \times 2\frac{1}{3} = \frac{\boxed{}}{5} \times \frac{\boxed{}}{3}$$

$$= \frac{\boxed{} \times \boxed{}}{5 \times 3}$$

$$= \boxed{}$$

❷ 1mの重さが $\frac{5}{12}$ kg の鉄の棒があります。この鉄の棒の長さが $2\frac{4}{5}$ m のとき、重さは何kgですか。📖教65ページ❷　10点（式5・答え5）

式

答え（　　　　　　　）

❸ 次の計算をしましょう。 📖教65ページ❹　80点（1つ10）

① $\frac{2}{9} \times \frac{6}{5}$

② $\frac{1}{3} \times \frac{15}{4}$

③ $\frac{9}{8} \times \frac{4}{3}$

④ $\frac{3}{14} \times \frac{7}{6}$

⑤ $2\frac{1}{2} \times 1\frac{5}{6}$

⑥ $2\frac{5}{8} \times 3\frac{5}{9}$

⑦ $3\frac{4}{15} \times 1\frac{3}{7}$

⑧ $1\frac{2}{9} \times \frac{15}{22}$

教科書 📖 65ページ

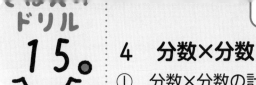

サクッと
こたえ
あわせ

4　分数×分数
① 分数×分数の計算　　　……(3)　答え **84**ページ

[整数と分数のかけ算は、整数を分数の形になおすと、分数 × 分数の計算になります。]

1 次の□にあてはまる数を書きましょう。 教65ページ❸　20点(全部できて1つ10)

① $3 \times \dfrac{2}{5} = \dfrac{3}{\square} \times \dfrac{2}{5}$

$= \dfrac{3 \times \square}{\square \times \square}$

$= \dfrac{\square}{\square}$

② $\dfrac{5}{6} \times 5 = \dfrac{5}{6} \times \dfrac{5}{\square}$

$= \dfrac{5 \times \square}{\square \times \square}$

$= \dfrac{\square}{\square}$

2 次の計算をしましょう。 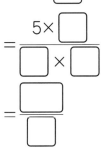教65ページ❸　60点(1つ10)

① $4 \times \dfrac{2}{7}$

② $5 \times \dfrac{1}{6}$

③ $9 \times \dfrac{2}{3}$

④ $4 \times \dfrac{5}{8}$

⑤ $\dfrac{2}{7} \times 5$

⑥ $\dfrac{2}{9} \times 6$

3 積が、$\dfrac{2}{3}$ より大きくなるものには○を、小さくなるものには△をつけましょう。

教66ページ❷　20点(1つ5)

① $\dfrac{2}{3} \times 1\dfrac{2}{5}$ （　　　）

② $\dfrac{2}{3} \times \dfrac{2}{9}$ （　　　）

③ $\dfrac{2}{3} \times \dfrac{10}{11}$ （　　　）

④ $\dfrac{2}{3} \times \dfrac{7}{6}$ （　　　）

教科書 **65〜66ページ**

4　分数×分数

② いろいろな計算

[3つ以上の分数のかけ算は、分母どうし、分子どうしまとめて計算できます。]

❶ 次の計算をしましょう。　📖教67ページ▶　　　　40点(1つ10)

① $\dfrac{3}{5} \times \dfrac{2}{9} \times \dfrac{5}{4}$

② $\dfrac{3}{7} \times \dfrac{1}{5} \times \dfrac{5}{6}$

③ $\dfrac{2}{3} \times \dfrac{3}{5} \times \dfrac{7}{8}$

④ $\dfrac{3}{4} \times 8 \times \dfrac{2}{9}$

❷ 右の図のような長方形の面積を求めましょう。

📖教67〜68ページ❷　20点(式15・答え5)

式

答え（　　　　　　）

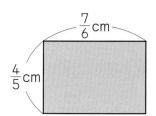

❸ 右の図のような立方体の体積を求めましょう。

📖教68ページ❷　20点(式15・答え5)

式

答え（　　　　　　）

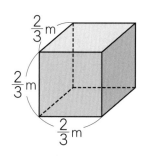

❹ 右の図のような平行四辺形の面積を求めましょう。

📖教68ページ❷　20点(式15・答え5)

式

答え（　　　　　　）

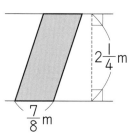

教科書 📖 **67〜68ページ**

4 分数×分数
③ 計算のきまり

[分数の場合でも、計算のきまりを使って計算することができます。]

> **計算のきまり**
> $a \times b = b \times a$、$(a \times b) \times c = a \times (b \times c)$
> $(a+b) \times c = a \times c + b \times c$、$(a-b) \times c = a \times c - b \times c$

❶ 次の□にあてはまる数を書きましょう。  40点(1つ10)

① $\dfrac{5}{8} \times \dfrac{3}{7} = \boxed{} \times \dfrac{5}{8}$

② $\dfrac{3}{10} \times \left(\dfrac{5}{6} \times \dfrac{3}{4}\right) = \left(\dfrac{3}{10} \times \dfrac{5}{6}\right) \times \boxed{}$

③ $\left(\dfrac{1}{2} + \dfrac{1}{4}\right) \times \dfrac{8}{3} = \dfrac{1}{2} \times \dfrac{8}{3} + \boxed{} \times \dfrac{8}{3}$

④ $\dfrac{4}{9} \times \dfrac{2}{3} - \dfrac{1}{8} \times \dfrac{2}{3} = \left(\dfrac{4}{9} - \dfrac{1}{8}\right) \times \boxed{}$

計算のきまりの
どれが使えるかな。

❷ 右の図のような長方形の面積を、㋐、㋑の考え方で求めましょう。

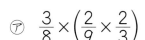 30点(1つ15)

㋐ $\dfrac{3}{5} \times \dfrac{2}{3}$

㋑ $\dfrac{2}{3} \times \dfrac{3}{5}$

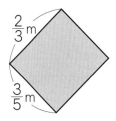

（　　　　　）　　　　　（　　　　　）

❸ 右の図のような直方体の体積を、㋐、㋑の考え方で求めましょう。

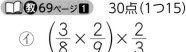 30点(1つ15)

㋐ $\dfrac{3}{8} \times \left(\dfrac{2}{9} \times \dfrac{2}{3}\right)$

㋑ $\left(\dfrac{3}{8} \times \dfrac{2}{9}\right) \times \dfrac{2}{3}$

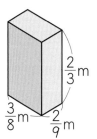

（　　　　　）　　　　　（　　　　　）

教科書 📖 69ページ

4 分数×分数
④ 逆数（ぎゃくすう）

サクッと
こたえ
あわせ

答え 84ページ

$\left[\dfrac{4}{5}$ と $\dfrac{5}{4}$、$\dfrac{3}{10}$ と $\dfrac{10}{3}$ のように、2つの数の積が1になるとき、一方の数を、もう一方の数の逆数といいます。$\right]$

① 次の□にあてはまる数を書きましょう。 教70ページ❶　40点（全部できて1つ10）

①　$\dfrac{5}{7} \times \dfrac{\boxed{}}{\boxed{}} = 1$

②　$\dfrac{\boxed{}}{\boxed{}} \times \dfrac{7}{15} = 1$

③　$\dfrac{8}{3} \times \dfrac{\boxed{}}{\boxed{}} = 1$

④　$\dfrac{\boxed{}}{\boxed{}} \times \dfrac{17}{10} = 1$

② 次の数の逆数を求めましょう。 教70ページ▶、❷　60点（1つ5）

①　$\dfrac{4}{7}$

②　$\dfrac{8}{11}$

③　$\dfrac{9}{7}$

（　　　　）　（　　　　）　（　　　　）

⚠ミスに注意!

④　$\dfrac{15}{4}$

⑤　$1\dfrac{4}{9}$

⑥　$3\dfrac{1}{3}$

（　　　　）　（　　　　）　（　　　　）

⑦　$\dfrac{1}{4}$

⑧　$\dfrac{1}{10}$

⑨　8

（　　　　）　（　　　　）　（　　　　）

⑩　17

⑪　0.3

⚠ミスに注意!

⑫　1.25

（　　　　）　（　　　　）　（　　　　）

教科書 70ページ

時間 15分 80点 /100

答え 84ページ サクッとこたえあわせ

4　分数×分数

1 次の計算をしましょう。　40点（1つ5）

① $\dfrac{1}{7} \times \dfrac{1}{2}$

② $\dfrac{6}{5} \times \dfrac{2}{15}$

③ $\dfrac{5}{6} \times \dfrac{4}{15}$

④ $3\dfrac{1}{2} \times \dfrac{5}{14}$

⑤ $2\dfrac{5}{8} \times 2\dfrac{2}{15}$

⑥ $\dfrac{9}{10} \times 5\dfrac{5}{6}$

⑦ $5 \times \dfrac{4}{15}$

⑧ $12 \times \dfrac{5}{6}$

2 積が12より小さくなるものは、どれですか。記号を書きましょう。　全部できて20点

㋐ $12 \times \dfrac{13}{10}$　　㋑ $12 \times 1\dfrac{1}{8}$　　㋒ $12 \times \dfrac{14}{15}$　　㋓ $12 \times \dfrac{6}{5}$　　㋔ $12 \times \dfrac{2}{7}$

（　　　　　）

3 縦の長さが $\dfrac{5}{4}$ m、横の長さが $\dfrac{2}{3}$ m の長方形の花だんがあります。この花だんの面積は何 m² ですか。　20点（式15・答え5）

式

答え（　　　　　）

4 次の数の逆数を求めましょう。　20点（1つ5）

① $\dfrac{4}{9}$

② $1\dfrac{5}{6}$

（　　　　　）　　　　　（　　　　　）

③ 3

④ 1.2

（　　　　　）　　　　　（　　　　　）

教科書 60〜73ページ

5　分数÷分数
① 分数÷分数の計算　……（1）　答え **85**ページ

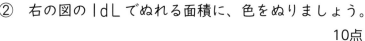
分数を分数でわる計算は、わる数の逆数をかけて計算します。$\dfrac{b}{a}\div\dfrac{d}{c}=\dfrac{b}{a}\times\dfrac{c}{d}$

❶ $\dfrac{3}{4}$ m² のかべをぬるのに、ペンキを $\dfrac{2}{3}$ dL 使います。このペンキは、1dL あたり何 m²
ぬれますか。　📖教75〜77ページ❶　　　　　　　　　50点

① 式を書きましょう。　全部できて10点

$$\boxed{\dfrac{3}{4}}\div\boxed{\dfrac{2}{3}}$$

② 右の図の 1dL でぬれる面積に、色をぬりましょう。
　10点

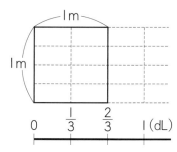

③ 計算で答えを求めましょう。

30点（式全部できて20・答え10）

式 $\dfrac{3}{4}\div\dfrac{2}{3}=\dfrac{3\times\boxed{}}{4\times\boxed{}}=\dfrac{\boxed{}}{\boxed{}}$

答え $\boxed{\dfrac{}{}}$ m²

❷ 次の □ にあてはまる数を書きましょう。　📖教78ページ▶　30点（全部できて1つ15）

① $\dfrac{2}{5}\div\dfrac{2}{3}=\dfrac{2\times\boxed{}}{5\times\boxed{}}$

$=\dfrac{\boxed{}}{\boxed{}}$

② $\dfrac{5}{6}\div\dfrac{3}{5}=\dfrac{5\times\boxed{}}{6\times\boxed{}}$

$=\dfrac{\boxed{}}{\boxed{}}$

❸ 次の計算をしましょう。　📖教78ページ▶　20点（1つ5）

① $\dfrac{1}{2}\div\dfrac{1}{3}$

② $\dfrac{3}{5}\div\dfrac{2}{7}$

③ $\dfrac{3}{8}\div\dfrac{2}{3}$

④ $\dfrac{2}{9}\div\dfrac{3}{4}$

教科書 📖 **74〜78ページ**

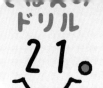

5 分数÷分数
① 分数÷分数の計算 ……(2)

[仮分数のわり算も、わる数の逆数をかけて計算します。]

1 次の □ にあてはまる数を書きましょう。 教78ページ**2**　　40点(全部できて1つ20)

① $\dfrac{3}{4} \div \dfrac{15}{7} = \dfrac{3}{4} \times \dfrac{\boxed{}}{\boxed{}} = \dfrac{\boxed{}}{\boxed{}}$

② $4 \div \dfrac{3}{7} = \dfrac{4}{\boxed{}} \div \dfrac{3}{7} = \dfrac{\boxed{}}{\boxed{}} \times \dfrac{\boxed{}}{\boxed{}}$

$= \dfrac{\boxed{}}{\boxed{}}$

2 次の計算をしましょう。 教79ページ▶　　60点(1つ5)

① $\dfrac{4}{5} \div \dfrac{2}{3}$

② $\dfrac{5}{6} \div \dfrac{5}{7}$

③ $\dfrac{3}{8} \div \dfrac{9}{4}$

④ $\dfrac{3}{10} \div \dfrac{9}{5}$

⑤ $\dfrac{9}{7} \div \dfrac{15}{14}$

⑥ $\dfrac{22}{7} \div \dfrac{11}{7}$

⑦ $3 \div \dfrac{2}{7}$

⑧ $5 \div \dfrac{10}{3}$

⑨ $12 \div \dfrac{2}{3}$

⑩ $\dfrac{10}{3} \div 5$

⑪ $\dfrac{6}{13} \div 9$

⑫ $\dfrac{4}{3} \div 12$

時間 15分　合格 80点　/100

サクッと
こたえ
あわせ

答え 85ページ

5　分数÷分数

① 分数÷分数の計算　……(3)

[分数のわり算でも、帯分数は仮分数になおしてから計算します。]

❶ 次の □ にあてはまる数を書きましょう。 📖教79ページ❸　20点（全部できて1つ10）

① $\dfrac{2}{3} \div 1\dfrac{2}{5} = \dfrac{2}{3} \div \dfrac{\boxed{}}{\boxed{}}$

$= \dfrac{2}{3} \times \dfrac{\boxed{}}{\boxed{}}$

$= \dfrac{\boxed{}}{\boxed{}}$

② $2\dfrac{1}{4} \div 1\dfrac{7}{8} = \dfrac{\boxed{}}{\boxed{}} \div \dfrac{\boxed{}}{\boxed{}}$

$= \dfrac{\boxed{}}{\boxed{}} \times \dfrac{\boxed{}}{\boxed{}}$

$= \dfrac{\boxed{}}{\boxed{}}$

❷ 次の計算をしましょう。 📖教79ページ▶、80ページ▶　80点（1つ10）

① $\dfrac{6}{7} \div 1\dfrac{2}{3}$

② $\dfrac{4}{5} \div 3\dfrac{3}{7}$

③ $\dfrac{8}{9} \div 1\dfrac{3}{5}$

④ $1\dfrac{2}{3} \div \dfrac{2}{5}$

⑤ $1\dfrac{5}{7} \div \dfrac{3}{5}$

⑥ $3\dfrac{1}{5} \div 2\dfrac{2}{15}$

⑦ $2\dfrac{2}{3} \div 1\dfrac{7}{9}$

⑧ $6 \div 4\dfrac{1}{2}$

教科書 📖 79〜80ページ

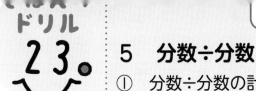

時間 15分　80点　/100

サクッと
こたえ
あわせ

答え 85ページ

5　分数÷分数

① 分数÷分数の計算　……(4)

[数直線や表などを使って考えると、関係がわかりやすくなります。]

❶ $1\frac{2}{3}$ m のひもがあります。$\frac{5}{18}$ m ずつ切ると、何本できますか。

📖教80ページ❹❶　40点(式全部できて25・答え15)

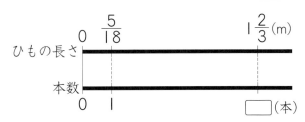

ひもの本数
= ひも全体の長さ ÷ 1本分の長さ
になりますね。

式　$\boxed{1\frac{2}{3}} ÷ \boxed{\frac{}{}} = \boxed{}$

答え（　　　　　）

よく読んで!

❷ 面積が 18m² の長方形の花だんがあります。横の長さは $2\frac{2}{3}$ m です。縦の長さは何 m ですか。　📖教80ページ❹❸

40点(式25・答え15)

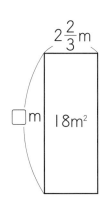

式

答え（　　　　　）

❸ 商が、12 より大きくなるものには○を、小さくなるものには△をつけましょう。

📖教81ページ❷　20点(1つ5)

① $12 ÷ \frac{1}{5}$　　　（　　）　② $12 ÷ 2\frac{3}{7}$　　　（　　）

③ $12 ÷ \frac{16}{13}$　　　（　　）　④ $12 ÷ \frac{17}{19}$　　　（　　）

教科書 📖 80〜81ページ

5 分数÷分数

② どんな式になるかな

答え 86ページ

[分数の場合でも、全部の大きさ＝単位量あたりの大きさ×いくつ分の式が使えます。]

よく読んで！

❶ 長さが $\frac{2}{3}$ m で、重さが $\frac{8}{5}$ kg の鉄の棒（ぼう）があります。この鉄の棒 1m の重さは何kgですか。 📖教82ページ❶

40点（式全部できて25・答え15）

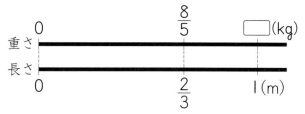

□kg	$\frac{8}{5}$ kg
1m	$\frac{2}{3}$ m

式 $\boxed{\frac{8}{5}} \div \boxed{} = \boxed{}$

答え （　　　　　　）

❷ 1L の重さが $\frac{6}{7}$ kg の油があります。この油 $\frac{3}{2}$ L の重さは何kgですか。

📖教82ページ❶　30点（式全部できて20・答え10）

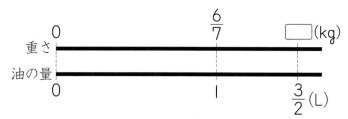

$\frac{6}{7}$ kg	□kg
1L	$\frac{3}{2}$ L

式 $\boxed{} \times \boxed{} = \boxed{}$

答え （　　　　　　）

よく読んで！

❸ 1dL で、かべを $\frac{6}{7}$ m² ぬれるペンキがあります。このペンキ $\frac{4}{3}$ dL では、何m² のかべをぬることができますか。 📖教82ページ❶　30点（式20・答え10）

式

答え （　　　　　　）

教科書 📖 82ページ

ドリル **25**。　**5　分数÷分数**

答え **86**ページ

サクッと
こたえ
あわせ

1 次の計算をしましょう。　　　　　　　　　　　　　　　40点（1つ5）

① $\dfrac{3}{5} \div \dfrac{1}{6}$

② $\dfrac{4}{7} \div \dfrac{5}{2}$

③ $\dfrac{5}{8} \div \dfrac{3}{4}$

④ $\dfrac{9}{5} \div \dfrac{3}{10}$

⑤ $16 \div \dfrac{4}{3}$

⑥ $\dfrac{4}{3} \div 12$

⑦ $\dfrac{5}{6} \div 1\dfrac{1}{9}$

⑧ $2\dfrac{1}{2} \div 3\dfrac{8}{9}$

2 長さが $\dfrac{5}{2}$ m で、重さが $\dfrac{8}{3}$ kg の鉄の棒があります。同じ鉄の棒 1m の重さは何 kg ですか。　　　　　　　　　　　　30点（式20・答え10）

式

答え（　　　　　　）

3 ガソリン 1L で $12\dfrac{4}{7}$ km 走る自動車があります。この自動車で 160km 走るのに、ガソリンを何 L 使いますか。　　　　　　30点（式20・答え10）

式

答え（　　　　　　）

教科書 **74〜85ページ**

サクッと
こたえ
あわせ

答え **86**ページ

6　資料の整理
① 代表値　　　　　　　……（1）

1 右の表は、6年1組の男子と女子の算数のテストの点数を表したものです。

📖数87〜88ページ**1**、89ページ**2**　　100点（①〜④（　）1つ10、⑤1つ20）

① 男子の点数の平均点は何点ですか。

（　　　　　　　）

6年1組の算数のテストの点数

男子				女子			
番号	点数	番号	点数	番号	点数	番号	点数
①	85	⑥	63	①	88	⑥	73
②	76	⑦	74	②	90	⑦	82
③	65	⑧	90	③	68	⑧	68
④	80	⑨	70	④	71	⑨	63
⑤	93	⑩	85	⑤	98	⑩	78

② 女子の点数の平均点は何点ですか。

（　　　　　　　）

③ 男子の最高点は何点ですか。また最低点は何点ですか。

最高点（　　　　　　　）　最低点（　　　　　　　）

④ 女子の最高点は何点ですか。また最低点は何点ですか。

最高点（　　　　　　　）　最低点（　　　　　　　）

⑤ 男子と女子のそれぞれの点数を、ドットプロットに表しましょう。

男子

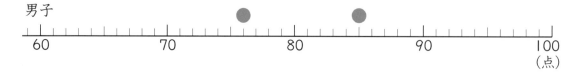

女子

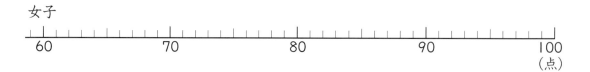

教科書 📖 **86〜89ページ**

6 資料の整理
① 代表値　　　　　　　　　……(2)

答え 86ページ

[記録の特徴を表す値について調べます。]

1 次の表は、6年生男子のソフトボール投げの記録を表したものです。

教90ページ▶、91ページ❷　100点(①全部できて40、②～④1つ20)

6年生男子のソフトボール投げの記録

番号	記録(m)	番号	記録(m)	番号	記録(m)	番号	記録(m)
①	25	⑥	31	⑪	32	⑯	34
②	19	⑦	29	⑫	27	⑰	22
③	22	⑧	39	⑬	29	⑱	29
④	37	⑨	36	⑭	34	⑲	37
⑤	27	⑩	22	⑮	22	⑳	34

① 上の表を、ドットプロットに表しましょう。

② ソフトボール投げの記録の中央値を求めましょう。

（　　　　　）

③ ソフトボール投げの記録の最頻値を求めましょう。

（　　　　　）

④ 遠くへ投げた方から数えて8番目の記録は何mですか。

（　　　　）

教科書 90～91ページ

6　資料の整理

② 度数分布表と柱状グラフ　……(1)

答え **86ページ**

「240cm 以上 260cm 未満」のような区間(区切り)を階級といい、「20cm」のような区間(区切り)の大きさを階級の幅といいます。

⚠️ミスに注意!

❶ 次の表は、6年1組の走りはばとびの記録です。　📖教92〜93ページ❶　100点

6年1組の走りはばとびの記録(cm)

番号	きょり	番号	きょり	番号	きょり	番号	きょり
①	275	⑥	298	⑪	305	⑯	294
②	302	⑦	241	⑫	272	⑰	336
③	280	⑧	318	⑬	348	⑱	263
④	320	⑨	294	⑭	250	⑲	287
⑤	266	⑩	289	⑮	311	⑳	315

① 右の度数分布表を完成させましょう。

35点(空らん1つ5)

6年1組の走りはばとびの記録

階　級(cm)	人数(人)
以上　　未満 240〜260	
260〜280	
280〜300	
300〜320	
320〜340	
340〜360	
合　計	

② 260cm 以上 280cm 未満の人数は何人ですか。

15点

(　　　　　　　　)

③ 人数がいちばん多いのは、どの階級ですか。　15点

(　　　　　　　　)

④ 人数が5人なのは、どの階級ですか。

15点

(　　　　　　　　)

⑤ 300cm 以上の人は、何人ですか。

20点

(　　　　　　　　)

サクッと
こたえ
あわせ

答え 86ページ

6 資料の整理

② 度数分布表と柱状グラフ ……(2)

[柱状グラフでは、横の軸は階級を示す数値で、縦の軸はその階級に入る度数を表しています。]

❶ 下の表は、6年生の女子20人の身長をまとめたものです。この表をもとにして、柱状グラフをかきましょう。　📖教94〜95ページ❷　　　　全部できて40点

6年生の女子の身長

階　級（cm）	人数（人）
以上　　未満 130〜135	1
135〜140	2
140〜145	4
145〜150	7
150〜155	4
155〜160	1
160〜165	1
合　計	20

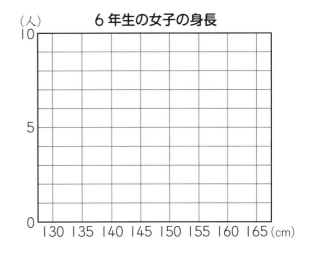

6年生の女子の身長

❷ 右の2つの柱状グラフは、6年1組と2組のソフトボール投げの記録を表したものです。

📖教94〜95ページ❷　　60点（1つ15）

① ちらばりのはんいが大きいのは、1組と2組のどちらですか。

（　　　　　　　）

② 40m以上投げた人数が多いのは、1組と2組のどちらですか。

（　　　　　　　）

③ 1組で、25m以上30m未満の人は、何人ですか。

（　　　　　　　）

④ ③で答えた人数の割合は、1組全体をもとにしたときの何％ですか。

（　　　　　　　）

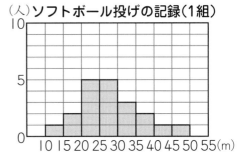

（人）ソフトボール投げの記録（1組）

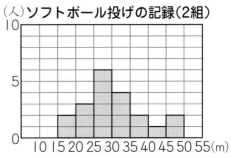

（人）ソフトボール投げの記録（2組）

教科書 📖 94〜95ページ

ホームテスト

30

対称／文字と式

時間 15分
合格 80点
/100

答え 87ページ

⭐**1** x を使った式に表しましょう。　　　　　　　　　　　　　30点(1つ10)

① 1辺の長さが $x$cm の正三角形のまわりの長さは 30cm です。

(　　　　　　　　　　　)

② 1個 80円のりんごを x 個買って、150円の箱に入れたときの代金は 1350円です。

(　　　　　　　　　　　)

③ 1本 x 円のえん筆を 5本買って、1000円出したときのおつりは 400円です。

(　　　　　　　　　　　)

⭐**2** x にあてはまる数を求めましょう。　　　　　　　　　　　30点(1つ5)

① $x+8=14$　　　　　　　　② $26+x=42$

$(x=$　　　　$)$　　　　　　$(x=$　　　　$)$

③ $x-12=18$　　　　　　　④ $x-3.5=1.8$

$(x=$　　　　$)$　　　　　　$(x=$　　　　$)$

⑤ $6×x=48$　　　　　　　⑥ $x×3=39$

$(x=$　　　　$)$　　　　　　$(x=$　　　　$)$

⭐**3** 次の㋐〜㋔の図形から、下の ①〜④にあてはまるものをすべて選び、記号を書きましょう。
　　　　　　　　　　　　　　　　　　　　　　　40点(全部できて1つ10)

㋐ 平行四辺形　　㋑ 正方形　　㋒ ひし形　　㋓ 正五角形　　㋔ 長方形

① 線対称な図形である。　　　　　② 点対称な図形である。

(　　　　　　　)　　　　(　　　　　　　)

③ 対称の軸が 4本以上ある。　　　④ 対角線だけが対称の軸になる。

(　　　　　　　)　　　　(　　　　　　　)

時間 15分 合格 80点 /100

分数と整数のかけ算とわり算／分数×分数／分数÷分数

答え 87ページ

サクッと
こたえ
あわせ

1 次の計算をしましょう。　　　　　　　　　　　　80点(1つ5)

① $\frac{2}{7} \times 7$

② $\frac{7}{5} \times 2$

③ $2\frac{1}{6} \times 3$

④ $2\frac{5}{6} \times 8$

⑤ $\frac{1}{5} \times \frac{3}{7}$

⑥ $\frac{5}{6} \times \frac{4}{15}$

⑦ $10 \times \frac{5}{2}$

⑧ $4\frac{2}{3} \times 1\frac{2}{7}$

⑨ $\frac{1}{9} \div 3$

⑩ $\frac{5}{3} \div 5$

⑪ $1\frac{1}{4} \div 5$

⑫ $4\frac{4}{5} \div 8$

⑬ $\frac{1}{4} \div \frac{2}{7}$

⑭ $\frac{3}{11} \div \frac{9}{22}$

⑮ $14 \div 3\frac{1}{2}$

⑯ $1\frac{4}{5} \div 2\frac{7}{10}$

2 $3\frac{1}{8}$ L のジュースを5人で等分すると、1人分は何 L ですか。

20点(式15・答え5)

式

答え (　　　　　　　)

31

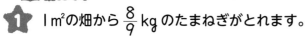

32. 分数×分数／分数÷分数／資料の整理

よく読んで！

1 1m²の畑から $\frac{8}{9}$ kg のたまねぎがとれます。　40点（式15・答え5）

① この畑 $\frac{3}{4}$ m² からは、何 kg のたまねぎがとれますか。

式

答え（　　　　　）

② 1 $\frac{1}{15}$ kg のたまねぎをとるには、この畑が何 m² いりますか。

式

答え（　　　　　）

よく読んで！

2 面積が 12 $\frac{1}{2}$ cm² の平行四辺形があります。この平行四辺形の底辺が 3 $\frac{3}{4}$ cm の とき、高さは何 cm ですか。　20点（式15・答え5）

式

答え（　　　　　）

3 右の柱状グラフは、あるクラスのソフトボール投げ の記録を表したものです。　40点（①・②1つ10、③20点）

① 人数がいちばん多い階級は、何 m 以上何 m 未 満ですか。

（　　　　　）

② ①で答えた人数の割合は、クラス全体をもとに したときの何％ですか。

（　　　　　）

③ 記録のよい方から数えて5番目の人は、何 m 以上何 m 未満の階級に入りますか。

（　　　　　）

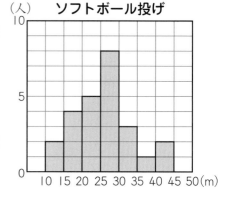

（人）　ソフトボール投げ

時間 **15**分　合格 **80**点　／**100**

サクッと こたえ あわせ

7 ならべ方と組み合わせ方
① ならべ方 ……(1)
答え **87**ページ

[ならべ方を考えるとき、表や図で表すと、落ちや重なりを確かめやすくなります。]

❶ あきさん、しょうさん、みなみさん、けんさんの 4 人が縦に 1 列にならびます。ならび方は全部で何通りあるか調べます。　📖教107〜108ページ❶　　60点

① あきさんが先頭のとき、どんなならび方がありますか。次の㋐〜㋙にはあてはまる記号を、㋚にはあてはまる数を書きましょう。　　50点(1つ5)

先頭　　前から 2 番目　前から 3 番目　前から 4 番目

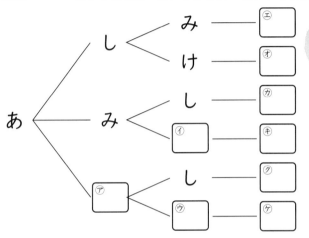

あきさんを「あ」、しょうさんを「し」、みなみさんを「み」、けんさんを「け」として図に表しましょう。

あきさんが先頭のときのならび方は、全部で ㋚□ 通りです。

② 4 人が縦に 1 列にならぶならび方は、全部で何通りできますか。　　10点

(　　　　　)

[条件にあうならべ方を、図などに表して考えると調べやすくなります。]

❷ 1、3、5、7 のカードが 1 枚ずつあります。このカードを 4 枚使って 4 けたの整数を作ります。　📖教108ページ❷　　40点(1つ20)

① 千の位の数字が 1 のとき、4 けたの整数は何通りできますか。

(　　　　　)

② 4 けたの整数は、全部で何通りできますか。

(　　　　　)

千の位　百の位　十の位　一の位

教科書 📖 **106〜108ページ**

7 ならべ方と組み合わせ方

① ならべ方 ……(2)

サクッとこたえあわせ　答え 87ページ

[まず1番目をきめたときのならべ方を調べ、1番目にくるものを順に変えていきます。]

1 1、2、3、4の4枚のカードのうち2枚を選んで、2けたの整数を作ります。　📖教109ページ**2**

35点（①は全部できて20、②15）

| 1 | 2 | 3 | 4 |

① 2けたの整数をすべて書きましょう。

(　　　　　　　　　　　　)

② 2けたの整数は全部で何通りできますか。

(　　　　　　)

[条件にあうならべ方を、図などに表して考えると調べやすくなります。]

2 A、B、Cの3つの電球が1列にならんでいます。右の図は、この3つの電球が、点灯している場合は〇、消灯している場合は×として図に表したものです。　📖教110ページ**3**

35点（①は全部できて20、②15）

① 右の図を完成させましょう。

② 3つの電球の点灯の状態は全部で何通りありますか。

(　　　　　　)

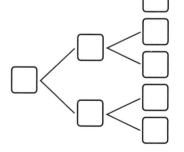

3 コインを投げて、表が出るか裏が出るかを調べます。　📖教110ページ▶　30点（1つ15）

① 3回続けて投げるとき、1回目が表になる出方は何通りありますか。

(　　　　　　)

② 3回続けて投げるとき、表と裏の出方は何通りありますか。

(　　　　　　)

教科書 📖 109〜110ページ

7 ならべ方と組み合わせ方
② 組み合わせ方 ……（1）

答え 88ページ

〔組み合わせを考えるときも、表を作って考えると、落ちや重なりを確かめやすくなります。〕

1 A、B、C、D、Eの5チームで、サッカーの試合をします。どのチームとも1回ずつ試合をするときの試合の数を調べます。 教111〜112ページ **1**

80点（1つ20、③は全部できて20）

	A	B	C	D	E
A			⑦		
B					
C					
D					
E					

① 右のような表を作って考えました。表の⑦は、どのチームとどのチームの試合を表していますか。

（　　　　　　　　　　）

② Aのチームは、全部で何試合しますか。

（　　　　　　　）

③ 試合の組み合わせを全部書きましょう。

AとBが試合をすることを、
A－Bと表すことにするよ。

(A－B、　　　　　　　　　　　　　　　　)

④ 全部で何試合しますか。

（　　　　　　　）

2 A〜Hの8チームが参加してドッジボールの大会をします。どのチームとも1回ずつ試合をします。大会で行われる試合の数は、全部で何試合ですか。
教112ページ ▶ 20点

	A	B	C	D	E	F	G	H
A								
B								
C								
D								
E								
F								
G								
H								

（　　　　　　　）

7　ならべ方と組み合わせ方
② 組み合わせ方 ……(2)

[組み合わせを考えるとき、「AとB」は「BとA」と同じものといえます。]

1 赤、青、緑、茶、黄の5色のペンから2色を選ぶときの組み合わせを調べます。

📖教113ページ❷　60点(①・②表や図が全部できて20、③20)

① さとしさんは、右の表で考えました。組み合わせる2色に○をつけて、表を完成させましょう。

赤	○	○	○						
青	○								
緑		○							
茶			○						
黄									

② とし子さんは、下の図で考えました。○にあてはまる色を書きましょう。

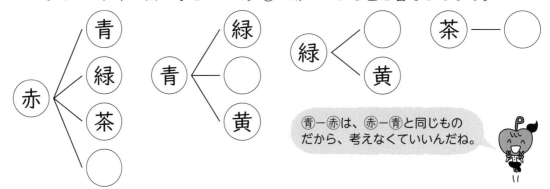

青―赤は、赤―青と同じものだから、考えなくていいんだね。

③ 5色のペンから2色を選ぶ組み合わせは、全部で何通りありますか。

(　　　　　)

\よく読んで!/

2 A、B、C、D、E、Fの6種類のくだものから5種類を選ぶときの組み合わせを調べます。　📖教113ページ❷　40点(1つ20)

① 5種類のくだものを選んだとき、選ばなかったくだものは何種類ですか。

(　　　　　)

② 5種類のくだものを選ぶ組み合わせは、全部で何通りありますか。

(　　　　　)

時間 **15**分　合格 **80**点　／**100**

サクッと
こたえ
あわせ

8　小数と分数の計算
① 小数と分数の混じった計算　……(1)　答え **88**ページ

> 小数と分数の混じったたし算やひき算は、小数または、分数にそろえてから計算します。小数点以下の数字がずっと続く(小数では正確に表せない)ときは、分数にそろえて計算します。

1 次の ☐ にあてはまる数を書いて、$\frac{1}{4}+0.6$ を計算しましょう。

教**117**ページ**1**　20点(全部できて1つ10)

① 小数にそろえて計算しましょう。

$$\frac{1}{4}+0.6=\boxed{}+0.6$$
（小数）
$$=\boxed{}$$

$\frac{1}{4}$ は 1÷4で
いいよ。

② 分数にそろえて計算しましょう。

$$\frac{1}{4}+0.6=\frac{1}{4}+\frac{\boxed{}}{10}$$
$$=\frac{\boxed{}}{20}+\frac{\boxed{}}{20}$$
$$=\boxed{}$$

2 次の ☐ にあてはまる数を書きましょう。　教**117**ページ▶　20点(全部できて1つ10)

① $0.7+\frac{5}{6}=\frac{\boxed{}}{10}+\frac{5}{6}$

$$=\frac{\boxed{}}{30}+\frac{\boxed{}}{30}$$
$$=\boxed{}$$

② $0.75-\frac{1}{12}=\frac{\boxed{}}{4}-\frac{1}{12}$

$$=\frac{\boxed{}}{12}-\frac{1}{12}$$
$$=\boxed{}$$

⚠️ミスに注意！
3 次の計算をしましょう。　教**118**ページ▶　60点(1つ15)

① $\frac{5}{7}+0.4$

② $0.65+\frac{3}{20}$

③ $1\frac{5}{12}-0.75$

④ $\frac{9}{10}-0.24$

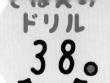
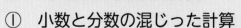

8　小数と分数の計算

① 小数と分数の混じった計算 ……(2)

時間 **15**分　合格 **80**点　／**100**

答え **88**ページ

> 分数のかけ算とわり算の混じった式は、わる数を逆数に変えてかけると、かけ算だけの式になおせます。

❶ 次の□にあてはまる数を書いて、右の三角形の面積を求めましょう。　📖教**119**ページ▶　全部できて20点

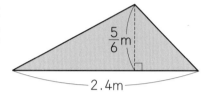

$$2.4 \times \boxed{} \div 2 = \dfrac{24}{\boxed{}} \times \boxed{} \div \dfrac{2}{\boxed{}}$$

$$= \dfrac{24}{\boxed{}} \times \boxed{} \times \dfrac{\boxed{}}{2} = \dfrac{\boxed{} \times \boxed{} \times \boxed{}}{\boxed{} \times \boxed{} \times \boxed{}} = \boxed{} (m^2)$$

❷ 次の□にあてはまる数を書きましょう。　📖教**119**ページ❷　全部できて20点

$$2.4 \div 0.36 \times 0.45 = \dfrac{\boxed{}}{10} \div \dfrac{\boxed{}}{100} \times \dfrac{\boxed{}}{100} = \dfrac{\boxed{}}{10} \times \dfrac{100}{\boxed{}} \times \dfrac{\boxed{}}{100}$$

$$= \dfrac{\boxed{} \times 100 \times \boxed{}}{10 \times \boxed{} \times 100} = \boxed{}$$

⚠️ミスに注意!

❸ 次の計算を、分数を使ってしましょう。　📖教**119**ページ❸　60点(1つ10)

①　$\dfrac{1}{2} \times 0.7 \div \dfrac{2}{15}$

②　$0.45 \div \dfrac{9}{14} \times \dfrac{5}{6}$

③　$\dfrac{2}{7} \div 0.08 \times 0.8$

④　$35 \div 42 \times 15$

⑤　$1.6 \times 0.75 \div 0.3$

⑥　$0.18 \div 0.5 \div 0.6$

教科書 📖 **119**ページ

時間 15分
80点 /100

8 小数と分数の計算
② いろいろな問題

1 ある車は、171km 進むのに 9.5L のガソリンを使いました。この車が 105km 進むのに、何 L のガソリンが必要ですか。　📖教120ページ❶　20点(式15・答え5)

式

□km	171km
1L	9.5L

答え （　　　　　　　）

2 定価 1800 円の洋服を 20%引きで買いました。何円で買いましたか。

📖教120ページ▶　20点(式15・答え5)

式

答え （　　　　　　　）

3 右の絵を見て、次の問いに答えましょう。　📖教120ページ▶　60点(式15・答え5)

① 体重が 39kg の人の脳の重さは約何 kg ですか。

式

答え 約（　　　　　　　）

② 骨の重さが 8kg の人の体重は約何 kg ですか。

式

答え 約（　　　　　　　）

③ 体重が 39kg の人の体には、血液は約何 kg ありますか。

式

答え 約（　　　　　　　）

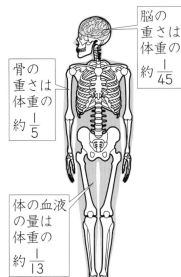

脳の重さは体重の約 $\frac{1}{45}$

骨の重さは体重の約 $\frac{1}{5}$

体の血液の量は体重の約 $\frac{1}{13}$

教科書📖 120ページ

答え 89ページ

[(比べられる量)÷(もとにする量)＝(倍) の式が使えます。]

1 ゆかりさんたちは、くり拾いに行きました。1人平均 24 個拾いました。

📖教126ページ**1** 40点(①式全部できて10・答え10、②式10・答え10)

① ゆかりさんは 32 個拾いました。平均の何倍ですか。分数で表しましょう。

式 ［　　］ ÷ ［　　］ ＝ ［　　］
　　比べられる量　　もとにする量　　　倍

答え（　　　　　　　）

② さち子さんは 20 個拾いました。平均の何倍ですか。分数で表しましょう。

式

答え（　　　　　　　）

[(もとにする量)×(倍)＝(比べられる量) の式が使えます。]

2 けいたさんたちが垂直とびをしたら、平均は 40cm でした。けいたさんの記録は平均の $\frac{6}{5}$ 倍にあたります。けいたさんは、何 cm とびましたか。　📖教127ページ▶

30点(式全部できて20・答え10)

式 ［　　］ × ［　　］ ＝ ［　　］
　　もとにする量　　　倍　　　　比べられる量

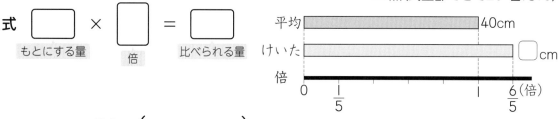

答え（　　　　　　　）

3 みなみさんは垂直とびで 35cm とびました。これは女子の平均の $\frac{7}{5}$ 倍にあたります。女子の平均は、何 cm ですか。　📖教127ページ▶　30点(式全部できて20・答え10)

式 平均を x cm とすると、

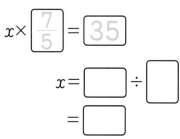

$x \times \boxed{\dfrac{7}{5}} = \boxed{35}$

$x = \boxed{} ÷ \boxed{}$

$= \boxed{}$

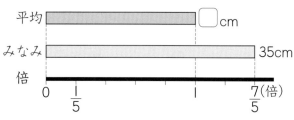

平均を x cm とおいて、x にあたる数を求めればいいね。

答え（　　　　　　　）

教科書📖 126〜127ページ

9 円の面積

① 円の面積

答え 89ページ

[円の面積を、方眼の数を調べて見積もります。]

1 方眼を使って、半径 11cm の円のおよその面積を求めましょう。 📖教129〜130ページ**1**

100点（①〜⑤10、⑥□1つ10、⑦式10・答え10）

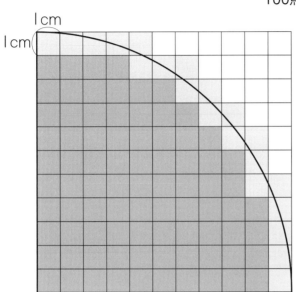

1cm
1cm

円周の通っている方眼は、1cm² の半分の 0.5 cm² として計算します。

① 円周が通らない方眼 ▨ の数は、全部でいくつありますか。 （　　　　　）

② 方眼 ▨ の面積は全部で何 cm² になりますか。 （　　　　　）

③ 円周の通っている方眼 □ は、全部でいくつありますか。 （　　　　　）

④ 円周の通っている方眼 □ はどれも 0.5cm² と考えると、□ の面積は全部で

何 cm² になりますか。 （　　　　　）

⑤ ②と④から、円の $\frac{1}{4}$ の面積は何 cm² になりますか。 （　　　　　）

⑥ ⑤から、半径 11cm の円の面積は何 cm² になりますか。□にあてはまる数を

かきましょう。

　　　[　　　]×4=[　　　　　] 　　　約[　　　]cm²

⑦ 半径 11cm の円の面積は、半径を 1 辺とする正方形の面積の約何倍になってい

ますか。四捨五入で、$\frac{1}{10}$ の位まで求めましょう。

式

　　　　　　　　　　　　　　　　　　　　答え　約（　　　　　）

教科書 📖 128〜130ページ

時間 15分 80点 /100

サクッと こたえ あわせ

9 円の面積
② 円の面積を求める公式 ……(1)

答え 89ページ

> 円の面積の公式は、円を半径で細かく等分して、三角形や長方形(平行四辺形)などの形にならべかえて、三角形や長方形(平行四辺形)などの面積の公式を利用して求めることができます。

❶ 円の面積の公式を、三角形の面積の公式や長方形の面積の公式を使って求めます。次の ☐ にあてはまることばを書きましょう。 📖教131〜132ページ❶ 100点(☐1つ10)

① 円を16等分して、大きい三角形にならべかえて、円の面積の公式を求めます。

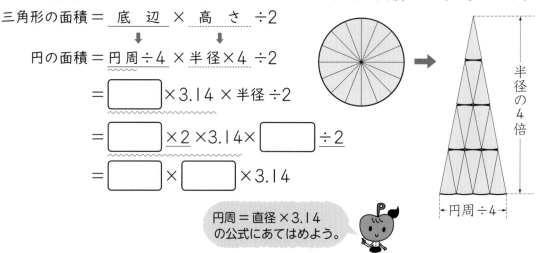

三角形の面積 ＝ 底 辺 × 高 さ ÷2

円の面積 ＝ 円周÷4 × 半径×4 ÷2

$= \boxed{} ×3.14 × 半径 ÷2$

$= \boxed{} ×2 ×3.14× \boxed{} ÷2$

$= \boxed{} × \boxed{} ×3.14$

円周 ＝ 直径×3.14 の公式にあてはめよう。

② 円を32等分して、長方形のような形にならべかえて、円の面積の公式を求めます。

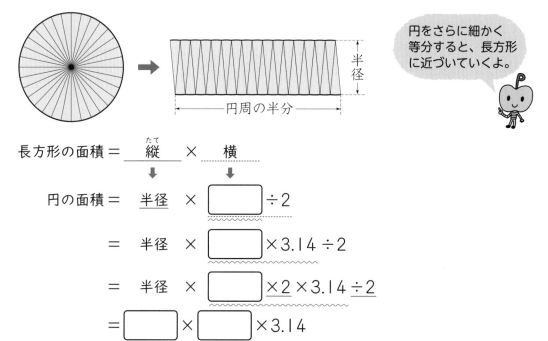

円をさらに細かく等分すると、長方形に近づいていくよ。

長方形の面積 ＝ 縦 × 横

円の面積 ＝ 半径 × $\boxed{}$ ÷2

$= 半径 × \boxed{} ×3.14 ÷2$

$= 半径 × \boxed{} ×2 ×3.14 ÷2$

$= \boxed{} × \boxed{} ×3.14$

教科書 📖 131〜132ページ

9 円の面積

② 円の面積を求める公式 ……(2)

時間 15分　合格 80点　/100

答え 89ページ

[円の面積は、次の公式で求めることができます。円の面積＝半径×半径×3.14]

1 次の円の面積を求めましょう。 📖教 133ページ ▶、❷

40点（①・②は全部できて1つ10、③・④1つ10）

① 半径 4cm の円。

半径 □ × 半径 □ × 円周率 □ ＝ 面積 □

（　　　　　）

② 直径 14cm の円。

直径 □ ÷2＝ 半径 □

□ × □ × □ ＝ □

（　　　　　）

③ 半径 8cm の円。

（　　　　　）

④ 円周の長さが 56.52cm の円。

まず、半径の長さを求めよう。

（　　　　　）　　（　　　　　）

2 直径 6cm の円あと、直径 12cm の円◯があります。 📖教 133ページ ❸ 60点（（　）1つ10）

① それぞれの円周の長さを求めましょう。

あ（　　　　　）
◯（　　　　　）

② それぞれの円の面積を求めましょう。

あ（　　　　　）
◯（　　　　　）

③ ◯の直径の長さは、あの直径の長さの2倍です。円周の長さと円の面積は、それぞれ何倍になっていますか。

円周（　　　　　）
面積（　　　　　）

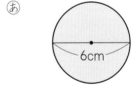
あ 6cm

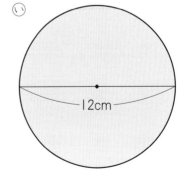
◯ 12cm

教科書📖 133ページ

9　円の面積

③　いろいろな面積

[円を直径で切った図形の面積は、円の面積の半分になります。]

⚠️ミスに注意!

❶ 次の図で、色のついた部分の面積を求めましょう。　📖教134〜135ページ❶、135ページ▶

100点(1つ20)

①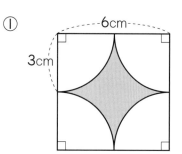

②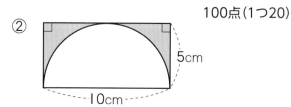

（　　　　　）　　　　　（　　　　　）

③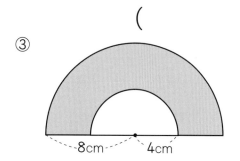

④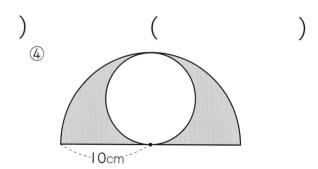

（　　　　　）　　　　　（　　　　　）

⑤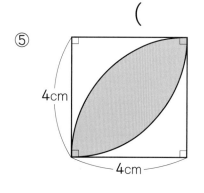

（　　　　　）

9 円の面積
④ およその面積

時間 15分　80点　/100

答え 90ページ

[まわりの線が通っている方眼は、2個で方眼1個分の面積と考えます。]

1 右の図のような形をした土地があります。この土地のおよその面積を求めましょう。

📖教137ページ**1**　50点

① まわりの線の中にある■の方眼の数は、何個ですか。
10点

（　　　　　）

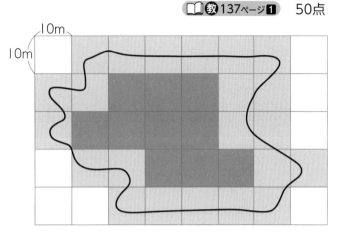

10m
10m

② まわりの線が通っている▢の方眼の数は、何個ですか。
10点

（　　　　　）

③ まわりの線が通っている方眼は、2個で100m²と考えて、土地のおよその面積を求めましょう。　30点(式20・答え10)

式

答え　約（　　　　　）

2 右のいちょうの葉のおよその面積を求めましょう。　📖教137ページ**1**　50点

① いちょうの葉は、どんな形といえますか。
20点

（　　　　　）

② いちょうの葉のおよその面積を求めましょう。
30点(式20・答え10)

式

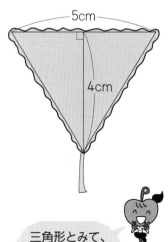

5cm

4cm

三角形とみて、三角形の面積の公式を使うよ。

答え　約（　　　　　）

教科書 📖 137〜138ページ

時間 **15**分　合格 **80点** ／100

答え **90**ページ

10　立体の体積

① 角柱の体積

[角柱の底面の面積を底面積といいます。角柱の体積 ＝ 底面積 × 高さ]

1 右の直方体を、縦 2cm、横 4cm の長方形の面を底面とした四角柱と考えて、体積を求めましょう。　📖**教**144ページ**1**　　40点

① 1cm³ の立方体は、底面に何個ならべられますか。

10点

（　　　　　　）

② 高さが 3cm のとき、1cm³ の立方体は何段積めますか。

10点

（　　　　　　）

③ この四角柱の体積を求めましょう。

20点(式全部できて15・答え5)

式　□ × □ × □ = □
　　底面積　　高さ

答え（　　　　　　）

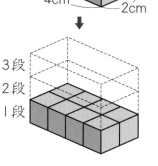

3cm / 4cm / 2cm

3段
2段
1段

2 右の図のような三角柱があります。　📖**教**145ページ**2**　　40点(式15・答え5)

① 底面積は、何 cm² ですか。

式

答え（　　　　　　）

② この三角柱の体積を求めましょう。

式

答え（　　　　　　）

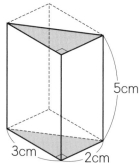

5cm / 3cm / 2cm

3 右の図のような、底面が台形の四角柱があります。この四角柱の体積を求めましょう。

📖**教**145ページ▶　20点(式15・答え5)

式

答え（　　　　　　）

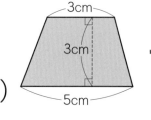
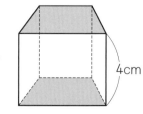

3cm / 3cm / 5cm / 4cm

教科書 📖 **143〜145ページ**

10 立体の体積

② 円柱の体積

[円柱の底面の面積も底面積といいます。円柱の体積＝底面積×高さ]

① 右の図のような円柱の体積を求めます。

教146〜147ページ❶　40点（①10、②□1つ5・答え10）

①　円柱の体積は、次の公式で求められます。

（　）にあてはまることばを書きましょう。

円柱の体積 ＝ $\Big($ 　　　　　　　$\Big)$ × 高さ

②　次の □ にあてはまる数を書いて、円柱の体積を求めましょう。

式 $\Big(\boxed{}\times\boxed{}\times 3.14\Big)\times\boxed{}=\boxed{}$

（図：円柱 12cm、半径5cm）

答え（　　　　　）

② 次のような立体の体積を求めましょう。　教147ページ▶　40点（式15・答え5）

①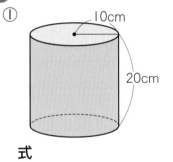

式

②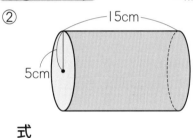

式

答え（　　　　　）　　答え（　　　　　）

⚠ミスに注意！

③ 右のような立体の体積を求めましょう。　教147ページ❷　20点（式15・答え5）

式

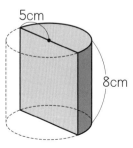

答え（　　　　　）

教科書 📖 146〜147ページ

くもんのドリル
48。

時間 15分　合格 80点 ／100

サクッと
こたえ
あわせ

答え 90ページ

10 立体の体積
③ いろいろな形の体積　……(1)

[2つの四角柱に分けたり、立体の体積＝底面積×高さ　を使ったりして求められます。]

❶ 次のような立体の体積を求めましょう。 📖教149ページ❶　75点(式15・答え10)

①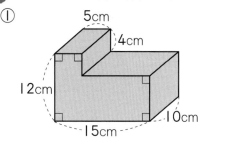

式

5cm
4cm
12cm
10cm
15cm

答え（　　　　　）

②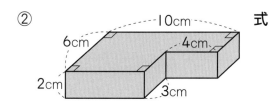

式

10cm
6cm
4cm
2cm
3cm

答え（　　　　　）

③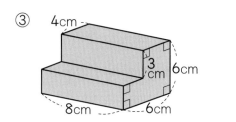

式

4cm
3cm
6cm
8cm
6cm

答え（　　　　　）

❷ 右の図の立体は、四角柱から円柱をくりぬいたもの です。この立体の体積をくふうして求めましょう。

📖教150ページ▶　25点(式15・答え10)

式

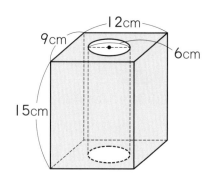

12cm
9cm
6cm
15cm

答え（　　　　　）

教科書📖 149〜150ページ

10 立体の体積

③ いろいろな形の体積 ……(2)

答え **90**ページ

サクッと
こたえ
あわせ

❶ 右の図のような形をしたプールがあります。このプールの深さはどこも 0.8m です。

　📖教150ページ❷　40点(①1つ5、②式15・答え10)

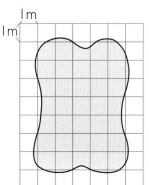

① 水が入ったときのおよその形を直方体と考えたとき、
縦・横・高さは何 m になりますか。

縦 （　　　　　　）

横 （　　　　　　）

高さ （　　　　　　）

② このプールに入る水の体積はおよそ何 m³ ですか。

式

答え　約（　　　　　　　　）

❷ 右の図のような食パンがあります。四角柱とみて、およそ
の体積を求めましょう。　📖教150ページ❷

30点(式20・答え10)

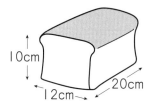

式

答え　約（　　　　　　　　）

❸ 右の図のようなケーキがあります。円柱とみて、およそ
の体積を求めましょう。　📖教150ページ❷

30点(式20・答え10)

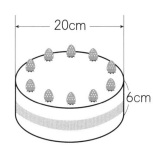

式

答え　約（　　　　　　　　）

11 比とその利用
① 比と比の値

[$a:b$ の比の値は、$a \div b$ の商になります。]

1 次の（　）の中に、あてはまる数やことばを書きましょう。　📖教159〜160ページ**2**

20点(1つ10)

① 右の長方形の縦の長さを 3 としたとき、横の長さが 5 であることを、「：」の記号を使って、（ 3 ： 5 ）と表し、「三対五」と読みます。

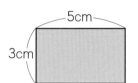

② このような割合の表し方を、（　　　　　）といいます。

2 りんごジュースが 2dL、ぶどうジュースが 3dL あります。次の（　）の中に、あてはまる数やことば、記号を書きましょう。　📖教159〜160ページ**2**　20点(1つ5)

① りんごジュースの量とぶどうジュースの量の比は、（　　：　　）です。

② りんごジュースの量は、ぶどうジュースの量の（　　　　）倍です。

③ 比がA：Bで表されるとき、Bをもとにして、AがBの何倍にあたるかを表した数を、A：Bの（　　　　　）といいます。

④ A：Bの比の値は、（　　÷　　）の商になります。

3 次の割合を比と比の値で表しましょう。　📖教160ページ▶　60点((　)1つ10)

① カップ 3 ばいの水とカップ 1 ぱいの酢

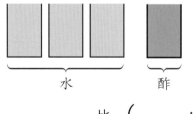

水　　酢

② お酒 20mL としょうゆ 37mL

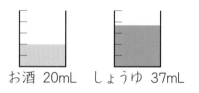

お酒 20mL　しょうゆ 37mL

比　（　　　：　　　）

比の値　（　　　　　）

比　（　　　：　　　）

比の値　（　　　　　）

③ 8cm と 15cm のリボン

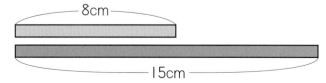

8cm

15cm

比　（　　　：　　　）

比の値　（　　　　　）

教科書 📖 158〜160ページ

サクッと
こたえ
あわせ

答え 90ページ

11 比とその利用
② 等しい比

[比 $a : b$ の、a と b に同じ数をかけてできる比も、a と b を同じ数でわってできる比も、$a : b$ と等しくなります。]

❶ □にあてはまる数を書きましょう。　📖教161ページ❶

20点(全部できて1つ10)

①

$$× \boxed{}$$
$$2 : 3 = 4 : 6$$
$$× \boxed{}$$

②

$$÷ \boxed{}$$
$$9 : 6 = 3 : 2$$
$$÷ \boxed{}$$

❷ 1人分のスープを作るのに、水 150mL、牛乳 30mL を使います。3人分のスープを作るのに、水と牛乳を、それぞれ何 mL 用意したらよいですか。

📖教163ページ❸　20点(式全部できて10・答え10)

式

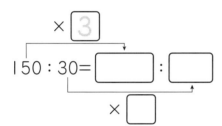

$$× \boxed{3}$$
$$150 : 30 = \boxed{} : \boxed{}$$
$$× \boxed{}$$

比が等しくなれば
いいですね。

答え (水　　　　　　、牛乳　　　　　　)

❸ x にあてはまる数を求めましょう。　📖教163ページ❷　40点(1つ10)

① $3 : 7 = x : 21$ 　　　② $5 : 8 = 20 : x$

$(x =)$ 　　　$(x =)$

③ $x : 8 = 24 : 32$ 　　　④ $9 : x = 72 : 40$

$(x =)$ 　　　$(x =)$

❹ 次の比を簡単にしましょう。　📖教164ページ❹、▶、❷　20点(1つ5)

① $8 : 6$ 　　(　　　　) 　② $44 : 8$ 　　(　　　　)

③ $1.5 : 0.2$ 　(　　　　) 　④ $\dfrac{3}{5} : \dfrac{5}{6}$ 　(　　　　)

教科書 📖 161〜164ページ

ドリル
52。
時間 15分 合格 80点 /100

サクッと
こたえ
あわせ
答え 91ページ

11　比とその利用
③　比の利用

[比を利用して、長さを求めることができます。]

❶ 高さが 5m の棒のかげの長さは、3m です。このとき、かげの長さが 9m の建物の高さは、何 m でしょうか。　📖教165ページ❶　　40点(1つ20)

① 建物の高さを xm として、比が等しい式を書きましょう。

(　　　　　　　　　)

② x にあてはまる数を考えて、建物の高さを求めましょう。

(　　　　　)

5m
3m

⚠️ミスに注意！

❷ まさしさんの学校の児童数は 840 人で、男子と女子の比は 4：3 です。男子の人数は何人でしょう。　📖教166ページ❷　　60点

① 男子の人数と全体の人数との比を使って求めましょう。

⑦ 男子の人数を 4、女子の人数を 3 とすると、全体の人数はいくつにあたるでしょうか。10点

(　　　　　)

全体
男子 4　女子 3

① 男子の人数を x 人として、比が等しい式を書き、男子の人数を求めましょう。
20点(式15・答え5)

式

答え (　　　　　)

② 全体の人数を 1 と考えて求めましょう。

⑦ 全体の人数を 1 とすると、男子の人数は全体のいくつにあたるでしょうか。分数で書きましょう。10点

(　　　　　)

全体 1
男子　　女子

① 男子の人数を求めましょう。
20点(式15・答え5)

式

答え (　　　　　)

教科書 📖 165〜166ページ

11 比とその利用

1 次の割合を比で表しましょう。　　　　　　　　　　　10点（1つ5）

① 5L の水と 4L のお湯の割合

（　　　　　　）

② 7cm のリボンと 3cm のリボンの割合

（　　　　　　）

2 x にあてはまる数を求めましょう。　　　　　　　　30点（1つ5）

① $4:5=x:20$ 　　　　　　② $8:3=64:x$

$(x=\qquad)$ 　　　　$(x=\qquad)$

③ $x:24=5:6$ 　　　　　　④ $63:x=9:7$

$(x=\qquad)$ 　　　　$(x=\qquad)$

⑤ $40:100=x:5$ 　　　　　⑥ $x:4=108:144$

$(x=\qquad)$ 　　　　$(x=\qquad)$

3 次の比を簡単にしましょう。　　　　　　　　　　　30点（1つ10）

① $45:75$ 　　　　② $1600:240$ 　　　　③ $3.2:4$

（　　　　　）　　　（　　　　　）　　　（　　　　　）

よく読んで！

4 1辺の長さの比が 6:7 の大小 2 つの正方形があります。小さい正方形の 1 辺の
長さが 18cm のとき、大きい正方形の 1 辺の長さは何 cm ですか。

30点（式20・答え10）

式

答え（　　　　　　）

12 拡大図と縮図

① 図形の拡大図・縮図

対応する角の大きさがそれぞれ等しく、対応する辺の長さの比がすべて等しくなるようにのばした図を拡大図といい、縮めた図を縮図といいます。

❶ 右の○○の図は、○○の図の拡大図です。 📖教172〜173ページ❷　80点(1つ20)

① 辺ABと辺EFの長さの比を、簡単な比で表しましょう。

（　　　　　）

② 角Dに対応する角は、どの角ですか。

（　　　　　）

③ ○○の図は、○○の図の何倍の拡大図ですか。

（　　　　　）

④ 直線ACの長さが18cmのとき、直線EGの長さは何cmですか。

（　　　　　）

対応する辺の長さ
の比は等しく
なっているよ。

❷ ○○の拡大図はどれですか。また、○○の縮図はどれですか。
　それぞれ記号を書きましょう。 📖教174ページ▶　20点(1つ10)

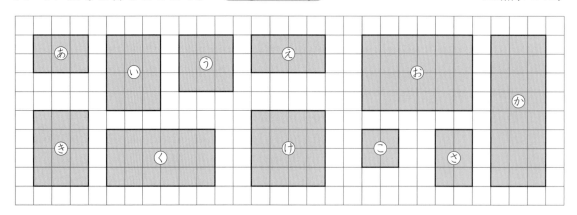

○○の拡大図 （　　　　　）

○○の縮図 （　　　　　）

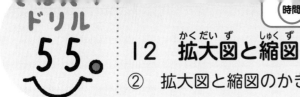

ドリル 55。

12 拡大図と縮図
② 拡大図と縮図のかき方 ……（1）

時間 15分　合格 80点　／100

サクッと こたえ あわせ　答え 91ページ

［方眼の数を利用して、拡大図や縮図をかくことができます。］

❶ 台形ＡＢＣＤを 2 倍に拡大した台形ＥＦＧＨをかきましょう。点Ｂに対応する点Ｆは、右下の図のように決めてあります。　📖教175ページ❶　　　50点

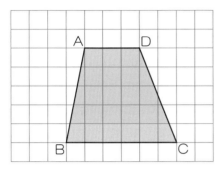

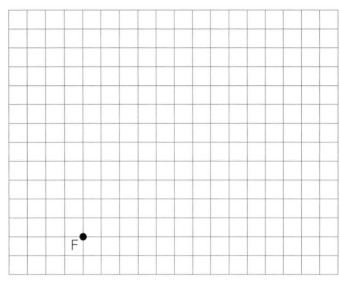

❷ 次の四角形ＡＢＣＤを $\frac{1}{2}$ に縮小した四角形ＥＦＧＨをかきましょう。点Ｂに対応する点Ｆは、右下の図のように決めてあります。　📖教175ページ▶　　　50点

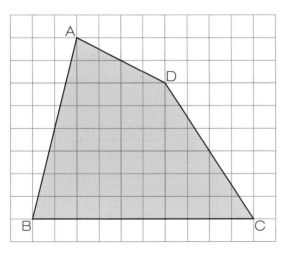

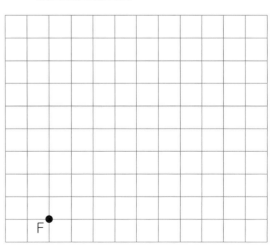

教科書📖 175ページ

12 拡大図と縮図
② 拡大図と縮図のかき方 ……(2)

[辺の長さや角の大きさを利用して、拡大図や縮図をかくことができます。]

1 右の三角形ＡＢＣの 1.5 倍の拡大図をかきます。 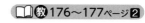 60点

① 辺ＡＢの長さと辺ＢＣの長さがわかっているとき、あとどの角の大きさがわかれば、拡大図をかくことができますか。　20点

（　　　　　）

② 三角形ＡＢＣを 1.5 倍に拡大した三角形ＤＥＦを、右の □ にかきましょう。　40点

三角形の拡大図には、3つのかき方があります。

2 右の四角形ＡＢＣＤの $\frac{1}{2}$ の縮図を、次の㋐、㋑の手順にしたがって、下の □ にかきましょう。 　📖教178ページ❶　40点

㋐ 直線ＢＣを引き、三角形ＡＢＣの $\frac{1}{2}$ の縮図をかく。

㋑ ㋐でかいた三角形をもとに、三角形ＡＣＤの $\frac{1}{2}$ の縮図をかく。

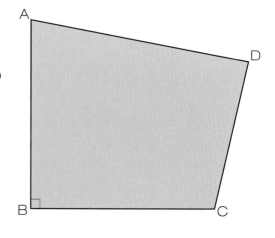

ドリル
57。

12 拡大図と縮図
② 拡大図と縮図のかき方　……(3)

[1つの点を中心にして、拡大図や縮図をかくことができます。]

❶ 右の四角形ＡＢＣＤで、点Ｂを中心にして、3倍に拡大した四角形ＥＢＦＧを、㋐〜㋓の手順にしたがって、かきましょう。　📖教179ページ❹、❷　　40点

㋐　直線ＢＡをのばして、点Ａに対応する点Ｅをかきましょう。

㋑　直線ＢＣをのばして、点Ｃに対応する点Ｆをかきましょう。

㋒　直線ＢＤをのばして、点Ｄに対応する点Ｇをかきましょう。

㋓　四角形ＥＢＦＧを完成させましょう。

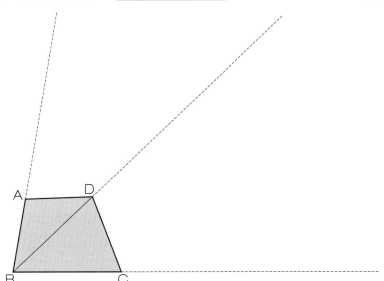

❷ 右の三角形ＡＢＣで、三角形の中にある点Ｄを中心にして、2倍の拡大図をかきましょう。

また、$\frac{1}{2}$の縮図をかきましょう。

📖教180ページ❺、▶、❷

60点(1つ30)

対応する直線の長さの比が等しいことを利用してかきましょう。

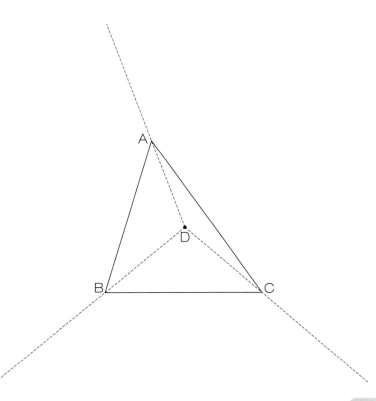

教科書📖 **179〜180ページ**

12 拡大図と縮図
③ 縮図の利用

[実際の長さを縮めた割合を縮尺といいます。]

❶ 右の図は、けい子さんの学校を、縮尺 $\frac{1}{2000}$ の縮図で表したものです。　📖教181〜182ページ❶

60点((　)1つ15)

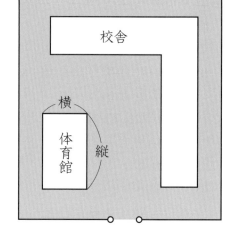

校舎

横

体育館

縦

① $\frac{1}{2000}$ の縮尺では、地図上の1cmの長さは、実際には何mですか。

（　　　　　）

② 縮図では、体育館の横の長さは1cm2mmで、縦の長さは2cmでした。これらの実際の長さは、何mですか。

横の長さ（　　　　　）　縦の長さ（　　　　　）

③ 実際の長さが150mのとき、縮図の上では何cm何mmになりますか。

（　　　　　）

❷ 下の図のような木があります。$\frac{1}{300}$ の縮図をかいて、木のおよその高さを求めましょう。　📖教182ページ▶、❷

40点(図20・答え20)

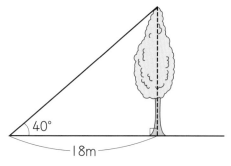

40°
18m

図

答え　約（　　　　　）

12 拡大図と縮図

1 右の図の三角形ＤＥＦは、三角形ＡＢＣの拡大図です。　40点(1つ10)

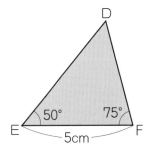

① 点Ａに対応する点はどれですか。

(　　　　)

② 角Ｃの大きさは何度ですか。

(　　　　)

③ 辺ＤＥの長さは何cmですか。

(　　　　)

④ 三角形ＤＥＦは、三角形ＡＢＣの何倍の拡大図ですか。

(　　　　)

2 頂点Ｂを中心にして、右の三角形ＡＢＣの2倍の拡大図と、$\frac{1}{2}$ の縮図をかきましょう。
　20点(1つ10)

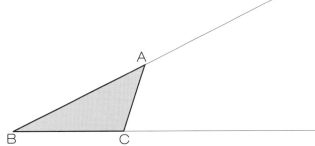

3 右の図のようなタワーの高さを、縮図をかいて次のように求めました。次の□にあてはまる数を書きましょう。　40点(1つ10)

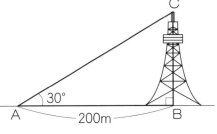

縮図ではＡＢの長さが10cmなので、右下の図は縮尺が [①　　　　] の縮図です。

縮図において、ＢＣの長さは5.8cmなので、タワーの高さは、5.8×[②　　　] ＝ [③　　　] (cm)になります。タワーの高さは、およそ [④　　　] mであることがわかります。

縮図

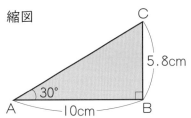

13　比例と反比例

① 比 例

……(1)

[y が x に比例するとき、x の値が□倍になると、y の値も□倍になります。]

❶ 束の紙の枚数と厚さの関係を調べました。次の□にあてはまる数を書きましょう。

📖教187～188ページ❶、188～189ページ❷

60点(□1つ10)

紙の枚数と厚さ

枚数(枚)	85	170	255	340	425
厚さ(cm)	1	2	3	4	5

① 紙の厚さが3倍になると、紙の枚数は □ 倍になります。

② 紙の厚さが7cmのとき、紙は何枚あるといえるかを考えます。

⑦ 厚さが、1cmの7倍なので、枚数も1cmあたりの枚数の □ 倍になります。

$$\boxed{} \times 7 = \boxed{} \text{(枚)}$$

④ 7cmのときの枚数を x 枚として、枚数と厚さの比を考えます。

$$85 : 1 = x : \boxed{} \qquad x = \boxed{} \text{(枚)}$$

❷ 次の x と y の関係を調べましょう。　📖教190ページ❸

40点

① 下の表のあいているところに、あてはまる数を書きましょう。

35点(1つ5)

⑦　　　　コインの枚数と重さ

枚数 x (枚)	1	2	3	4	5
重さ y (g)	4	8	㋐	㋑	㋒

④　　　　リボンの長さと代金

長さ x (m)	1	2	3	4	5
代金 y (円)	70	140	210	㋐	㋑

⑦　　　正方形の1辺の長さと面積

長さ x (cm)	1	2	3	4	5
面積 y (cm²)	1	4	㋐	16	㋑

> x の値が2倍、3倍、……になったとき、y の値は、どのように変わっているかを考えよう。

② ⑦～⑦の中で、y が x に比例しているのは、どれですか。すべて選びましょう。

全部できて5点

(　　　　　　　)

教科書 📖 186～190ページ

時間 15分　80点　/100

サクッと こたえ あわせ

13　比例と反比例
① 比　例　……(2)　答え 92ページ

[y が x に比例するとき、$y=$ きまった数 $\times x$ の式に表すことができます。]

1 水そうに水を入れたとき、入れた水の量 xL と、たまった水の深さ $y$cm との関係は、右の表のようになりました。

水そうに入れた水の量と深さ

水の量 x（L）	0	1	2	3	4
深さ y（cm）	0	3	6	9	12

教191ページ❹、192ページ▶、❷　60点

① 水の深さ $y$cm は、入れた水の量 xL に比例するといえますか。　10点

（　　　　）

② 対応する x と y の値を使って、$y \div x$ の商を求めましょう。　10点

（　　　　）

③ 次の□にあてはまる数を書き、x と y の関係を式に表しましょう。　10点

$y = \boxed{} \times x$

④ 水を 10L 入れたときの水の深さを求めましょう。　30点（式20・答え10）

式

答え（　　　　）

2 x と y の関係を式に表しましょう。また、きまった数は何を表しているでしょうか。

教193ページ❺、▶、❷　40点（式15・きまった数5）

① りんごの個数と代金

個数 x（個）	1	2	3	4	5	6
代金 y（円）	90	180	270	360	450	540

式（　　　　）

きまった数（　　　　）

② 時速 50km で走ったときの時間と道のり

時間 x（時間）	1	2	3	4	5	6
道のり y（km）	50	100	150	200	250	300

式（　　　　）

きまった数（　　　　）

教科書 191〜193ページ

サクッと こたえ あわせ
答え 93ページ

13 比例と反比例

② 比例のグラフ ……(1)

[比例の関係を表すグラフは、縦の軸と横の軸が交わる0の点を通る直線になります。]

1 水そうに水を入れた時間 x 分と深さ y cm の関係は、下の表のようになります。 📖数194〜195ページ**1**

50点(1つ25)

水を入れた時間と深さ

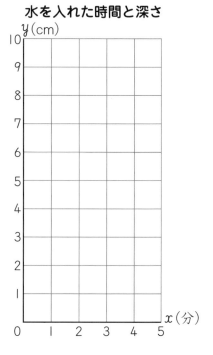

水そうに水を入れた時間と深さ

時間 x（分）	0	1	2	3	4	5
深さ y（cm）	0	2	4	6	8	10

① 右の図に、上の表の x の値と対応する y の値の組を表す点をかきましょう。

② それぞれの点を結びましょう。

0の点を通る直線になっているよ。

2 針金の長さ xm と重さ yg の関係は、下の表のようになります。 📖数194〜195ページ**1** 50点

針金の長さと重さ

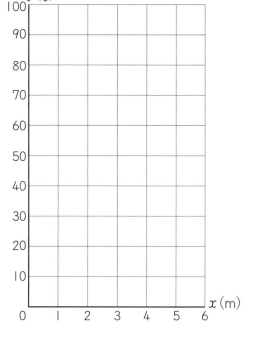

針金の長さと重さ

長さ x(m)	0	1	2	3	4	5	6
重さ y(g)	0	15	㋐	45	60	㋑	㋒

① 上の表の㋐、㋑、㋒にあてはまる数を書きましょう。 30点(1つ10)

㋐ （　　　　　）

㋑ （　　　　　）

㋒ （　　　　　）

② 針金の長さと重さの関係を、右の図に表しましょう。 20点

サクッと
こたえ
あわせ
答え 93ページ

13　比例と反比例

② 比例のグラフ

……(2)

[グラフのかたむきが大きいほど、単位量あたりの大きさ（1mあたりの大きさ）は大きくなります。]

1 右のグラフは、2つのちがった針金あ、⓪の長さ x m と重さ y g の関係を表したものです。　📖教196ページ❷

100点

針金の長さと重さ

① それぞれの針金の1mあたりの重さは何gですか。　10点(1つ5)

あ （　50g　）

⓪ （　　　　）

② あと⓪では、どちらが重い針金といえますか。　10点

（　　　　）

③ グラフから、次の重さをそれぞれ読み取りましょう。　40点(1つ10)

㋐ 1.2mの重さ。

あ （　　　　）

⓪ （　　　　）

㋑ 1.8mの重さ。

あ （　　　　）　⓪ （　　　　）

④ グラフから、40gの針金の長さをそれぞれ読み取りましょう。　20点(1つ10)

あ （　　　　）　⓪ （　　　　）

⑤ 次の針金は、あ、⓪のどちらの針金ですか。　20点(1つ10)

㋐ 3.6mで72gの針金。

（　　　　）

㋑ 3.2mで160gの針金。

（　　　　）

グラフの縦の軸は、1目もり2gになっていますよ。

教科書 📖 196ページ

13 比例と反比例

③ 比例の性質の利用

[y が x に比例するとき、x の値が 2 倍、3 倍になると、y の値も 2 倍、3 倍になります。]

① 下の表は、ジュースの量とその中に入っている砂糖の量との関係を表したものです。

教197〜198ページ❶、198ページ▶、❷　100点

ジュースの量と砂糖の量

ジュースの量 x(mL)	0	1	50	100	150	210	350
砂糖の量 y(g)	0		4	8	12		

① 砂糖の量 yg は、ジュースの量 xmL に比例していますか。　　　10点

（　　　　　　　　　）

② ジュース 350mL の中に砂糖は何 g 入っているかを、次の⑦、①の考え方で求めます。□にあてはまる数を書きましょう。　　　50点(□1つ5)

⑦ ジュース 350mL は 50mL の □ 倍だから、砂糖の量も □ 倍になります。

□ × ⑦ = □ だから、ジュース 350mL の中に、砂糖は □ g 入っています。

① ジュース 1mL 分の砂糖の量は □ g で、この値はきまった数です。

x と y の関係を式に表すと、$y =$ □ $× x$ です。

ジュース 350mL の中の砂糖の量は、□ × 350 = □ (g)です。

③ ジュース 450mL の中に砂糖は何 g 入っていますか。② の⑦、①のやり方で求めましょう。　　　40点(式10・答え10)

⑦ 式

答え（　　　　　　　）

① 式

答え（　　　　　　　）

教科書 197〜198ページ

ドリル
65.

13 比例と反比例
④ 反比例　　　　　　　　　　　……(1) 答え 93ページ

時間 15分　合格 80点　/100

> ともなって変わる2つの量 x と y があって、x の値が2倍、3倍、…になると、y の値は $\frac{1}{2}$ 倍、$\frac{1}{3}$ 倍、…になるとき、y は x に反比例するといいます。

❶ 下の表は、36kmの道のりを行くときの時速とかかる時間の関係を表しています。

📖教199～200ページ❶　60点

36kmの道のりを行くときの時速とかかる時間

時　速 x(km)	1	2	3	4	6	9	12	18	36
かかる時間 y (時間)	36	18	12	㋐	㋑	4	㋒	2	1

① 上の表の㋐、㋑、㋒にあてはまる数を書きましょう。　30点(1つ10)

② x の値が2倍、3倍になると、それに対応する y の値はどう変わりますか。

10点

(　　　　　　　　　　　)

③ x の値が $\frac{1}{2}$ 倍、$\frac{1}{3}$ 倍になると、それに対応する y の値はどう変わりますか。

10点

(　　　　　　　　　　　)

④ y は x に反比例していますか。　10点

(　　　　　　　　　　　)

❷ 次の表で、x と y は、反比例していますか。反比例しているものには○を、反比例していないものには×をつけましょう。　📖教200ページ▶　40点(1つ20)

① 　　　水そうに水を入れた時間と深さ

時間 x(分)	1	2	3	4	5
深さ y(cm)	3	5	7	9	11

x の値が2倍、3倍になったとき、y の値はどうなるでしょう。

(　　　　)

② 　　　面積が 72cm² の平行四辺形の底辺と高さ

底辺 x(cm)	1	2	4	6	9
高さ y(cm)	72	36	18	12	8

(　　　　)

教科書📖 199～200ページ

13　比例と反比例

④　反比例　　　　　　　　　　　　　　……(2)

答え 93ページ

[y が x に反比例するとき、$x×y＝$きまった数　の式に表すことができます。]

1 面積が18cm² の長方形の、横の長さ $x$cm と縦の長さ $y$cm の関係は、次の表のようになります。　📖教201〜203ページ❷　　　　　　　　100点

面積が18cm²の長方形の横と縦の長さ

横の長さ x（cm）	1	2	3	6	9	18
縦の長さ y（cm）	18	9	6	3	2	1

①　y は x に反比例していますか。　　　　　　　　　　20点

（　　　　　　　）

②　$x×y$ の積は、いつも同じ値です。積を求めましょう。　　20点

$1×18=\square$

$2×9 =\square$

$3×6 =\square$

（　　　　　　　）

③　$x×y$ の積は、何を表していますか。　　　　　　　20点

（　　　　　　　）

④　x の値が5のときの、y の値を求めましょう。

20点（□1つ5）

$5×y=\boxed{}$

$y=\boxed{}÷\boxed{}$

$=\boxed{}$

⚠️ミスに注意!

⑤　表の x の値と対応する y の値の組を表す点をかきましょう。

全部できて20点

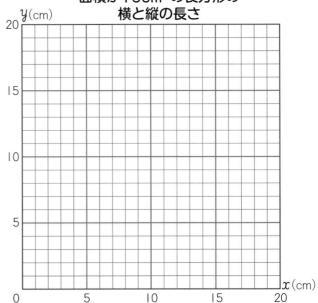

面積が18cm²の長方形の横と縦の長さ

教科書 201〜203ページ

答え 94 ページ

13 比例と反比例

1 右のグラフは、2つのちがった水あ、いの量 x L と
代金 y 円の関係を表したものです。 40点(( )1つ10)

① それぞれの水の 1L あたりの代金は何円ですか。

あ ( )

い ( )

② どちらが高い水といえますか。

( )

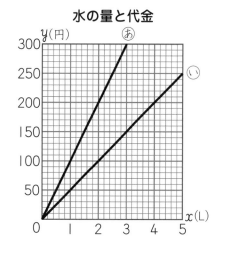

水の量と代金

③ あの水 2.4L のときの代金は何円ですか。グラフから読み取りましょう。

( )

2 下の表は、面積が20cm² の平行四辺形の底辺 x cm と高さ y cm の関係を表したものです。 60点

面積が20cm² の平行四辺形の底辺と高さ

底辺 x (cm)	1	2	4	5	10	20
高さ y (cm)	20	10				

① 表のあいているところに、あてはまる数を書きましょう。 20点(1つ5)

② x と y の関係を式に表しましょう。
10点

( )

③ 底辺が 8cm のときの高さは何 cm ですか。 15点

( )

④ 表の x の値と対応する y の値の組を表す点をかきましょう。 全部できて15点

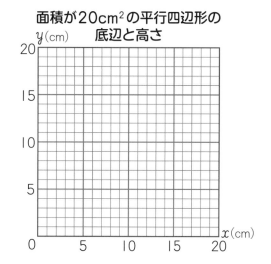

面積が20cm² の平行四辺形の底辺と高さ

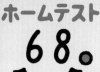

ならべ方と組み合わせ方／小数と分数の計算／円の面積／立体の体積

1 ⓪、①、②、③の4枚のカードがあります。次の問いに答えましょう。　20点(1つ10)

① この4枚のカードで、4けたの整数を作ります。整数は全部で何通りできますか。

（　　　　　　）

② 4枚のカードから3枚を使って3けたの整数を作ります。整数は全部で何通りできますか。

（　　　　　　）

2 次の計算を、分数を使ってしましょう。　　20点(1つ5)

① $0.7 + \dfrac{3}{8}$

② $\dfrac{11}{6} - 0.3$

③ $30 \div 40 \div 12$

④ $2.5 \div 0.125 \times \dfrac{4}{5}$

3 横の長さが $7\dfrac{3}{5}$ cm で、面積が $41.8\,\text{cm}^2$ の長方形の縦の長さ x cm を求めましょう。　　20点(式15・答え5)

式

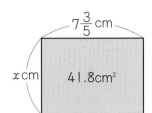

答え（　　　　　　）

⚠ミスに注意!

4 右の図で、色をつけた部分の面積を求めましょう。
20点(式10・答え10)

式

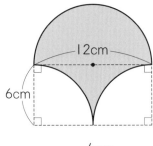

答え（　　　　　　）

5 右の四角柱の体積を求めましょう。　20点(式10・答え10)

式

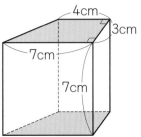

答え（　　　　　　）

時間 **15**分 | 合格 **80**点 | /**100**

答え **94** ページ

69。 比とその利用／拡大図と縮図／比例と反比例

1 x にあてはまる数を求めましょう。　　20点(1つ5)

① 3：7＝x：70　　　　② 4：9＝48：x

$(x=$　　　　)　　　　　　$(x=$　　　　)

③ x：150＝5：6　　　④ 120：x＝8：3

$(x=$　　　　)　　　　　　$(x=$　　　　)

2 次の比を簡単にしましょう。　　10点(1つ5)

① 40：35　　　　　② $\frac{3}{8}$：$\frac{1}{4}$

(　　　　)　　　　　　(　　　　)

3 右の三角形ＡＢＣは、三角形ＡＤＥの拡大図です。　　30点(1つ10)

① 三角形ＡＢＣは、三角形ＡＤＥの何倍の拡大図ですか。

(　　　　)

② 角Ｂの大きさや辺ＤＥの長さを求めましょう。

角Ｂ (　　　　)

辺ＤＥ (　　　　)

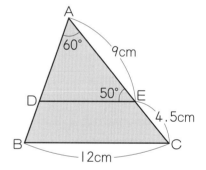

4 自動車が時速50kmで走っています。　　40点

① 自動車が走った時間と道のりの関係を、次の表にまとめましょう。　20点(1つ5)

自動車が走った時間と道のり

時　間 x(時間)	0	1	2	3	4	5
道のり y(km)	0	50				

② x と y の関係を式に表しましょう。　　10点

(　　　　)

③ 325km 走るのにかかる時間は何時間何分ですか。　　10点

(　　　　)

ドリル
70。
時間 15分
80点 /100
答え 94ページ
サクッと
こたえ
あわせ

14　データの活用

1　下の表は、6年生の男子20人の体重を表したものです。　教216〜217ページ❸

100点（①・④〜⑥1つ10、②空らん1つ5、③全部できて30）

番　号	①	②	③	④	⑤	⑥	⑦	⑧	⑨	⑩
体重（kg）	53	45	56	49	44	36	45	52	40	47
番　号	⑪	⑫	⑬	⑭	⑮	⑯	⑰	⑱	⑲	⑳
体重（kg）	49	42	50	39	52	47	59	44	54	47

①　男子20人の体重の平均値を求めましょう。

（　　　　　　）

②　右の度数分布表を完成させましょう。

6年生　男子の体重

階級（kg）	人数（人）
以上　未満 35〜40	
40〜45	
45〜50	
50〜55	
55〜60	
合　計	

③　②で作った表をもとにして、柱状グラフをかきましょう。

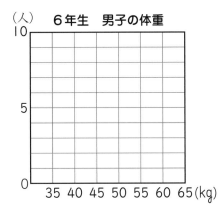

④　度数がもっとも多いのは、どの階級ですか。

（　　　　　　　　　　）

⑤　中央値は、どの階級にふくまれていますか。

（　　　　　　　　　　）

⑥　①で求めた平均値は、どの階級にふくまれていますか。

（　　　　　　　　　　）

教科書 212〜217ページ

ドリル
71。

15 算数のまとめ
数と計算、式 ……(1)

時間 15分
80点 /100

答え 95ページ

サクッと
こたえ
あわせ

1 次の□にあてはまる数を書きましょう。 📖教218ページ❶   10点(1つ5)

① 2.6 は、□ を 26 個集めた数です。

② 2.16 は、0.01 を □ 個集めた数です。

2 次の□にあてはまる不等号を書きましょう。 📖教218ページ❷   10点(1つ5)

① $\frac{4}{7}$ □ $\frac{3}{7}$

② $\frac{4}{7}$ □ $\frac{5}{9}$

3 次の□にあてはまる数を書きましょう。 📖教218ページ❷   20点(1つ5)

① $\frac{1}{5}$ が 2 個分で □ です。

② $\frac{7}{9}$ は □ の 7 個分です。

③ 3 と □ を合わせて 3$\frac{6}{7}$ です。

④ 1 と □ を合わせて $\frac{18}{13}$ です。

4 次の分数のうち、帯分数は仮分数に、仮分数は帯分数になおしましょう。

📖教218ページ❷   20点(1つ5)

① 1$\frac{3}{4}$

② 4$\frac{2}{5}$

③ $\frac{11}{6}$

④ $\frac{26}{7}$

( )　　( )　　( )　　( )

5 次の組の数の最小公倍数を求めましょう。 📖教218ページ❸   20点(1つ10)

① (6、9)

② (10、12)

( )　　　　( )

6 次の組の数の最大公約数を求めましょう。 📖教218ページ❸   20点(1つ10)

① (16、24)

② (72、90)

( )　　　　( )

教科書 📖 218ページ

15 算数のまとめ
数と計算、式 ……(2)

❶ 次の小数は分数に、分数は小数になおしましょう。　📖教219ページ❹　　30点(1つ5)

① 0.9 （　　　　　）　　② 2.53 （　　　　　）　　③ 0.05 （　　　　　）

④ $\dfrac{3}{8}$ （　　　　　）　　⑤ $3\dfrac{3}{5}$ （　　　　　）　　⑥ $\dfrac{91}{20}$ （　　　　　）

❷ 次の計算をしましょう。　📖教219ページ❺　　30点(1つ3)

① $7+(3+5)\times2$　　② $7\times3+5\times2$　　③ $2.7+1.5$

④ $1.4-0.8$　　⑤ 82.8×1.8　　⑥ $82.8\div1.8$

⑦ $\dfrac{5}{6}+\dfrac{1}{4}$　　　　　　　　⑧ $\dfrac{14}{9}-\dfrac{5}{6}$

⑨ $1\dfrac{1}{6}\times1\dfrac{5}{16}$　　　　　　⑩ $1\dfrac{1}{6}\div1\dfrac{5}{16}$

❸ x にあてはまる数を求めましょう。　📖教219ページ❺　　10点(1つ5)

① $x+17=35$　　　　　　② $x\times4=3.2$

（$x=$　　　　）　　　　　　　　　　　（$x=$　　　　）

❹ 次の図形の面積を、それぞれ x を使った式に表してから、x にあてはまる数を求めましょう。　📖教219ページ❻　　30点(式10・答え5)

①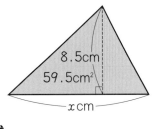

② 平行四辺形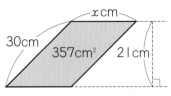

式　　　　　　　　　　　　　　　　　　式

答え（$x=$　　　　）　　　　　　答え（$x=$　　　　）

教科書 📖 219ページ

ドリル
73。

15　算数のまとめ
図形
……（1）

サクッと
こたえ
あわせ

時間 15分　80点　／100

答え 95ページ

❶ 縦が 300m、横が 200m の長方形の形をした畑があります。この畑の面積は何 a ですか。また、それは何 ha ですか。　📖教220ページ▶　　40点（1つ20）

a 単位 （　　　　　　　）　ha 単位 （　　　　　　　）

⚠️ミスに注意！
❷ 次の色をつけた部分の面積を求めましょう。ただし、円周率は 3.14 とします。（② は平行四辺形です。）　📖教220ページ▶　　60点（式15・答え5）

①
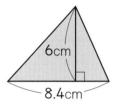
6cm
8.4cm

式

②
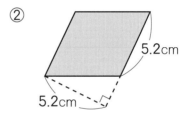
5.2cm
5.2cm

式

答え （　　　　　　　）　　　答え （　　　　　　　）

③
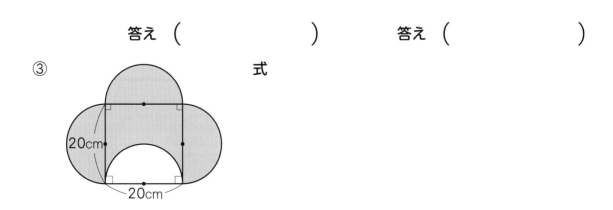
20cm
20cm

式

答え （　　　　　　　）

教科書 📖 220ページ

15 算数のまとめ
図形 ......(2)

時間 15分
80点 /100

サクッと
こたえ
あわせ
答え 95ページ

1 次の立体の体積を求めましょう。 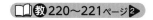 教220〜221ページ② 　40点(式15・答え5)

①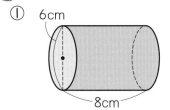
6cm
8cm

②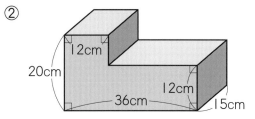
12cm
20cm
12cm
36cm
15cm

式

式

答え (　　　　　　　　　) 　答え (　　　　　　　　　)

2 次のあ〜おの四角形について、下の ①〜④にあてはまるものをすべて選び、記号を書きましょう。 教221ページ③ 　60点(全部できて1つ15)

> あ ひし形　　い 平行四辺形　　う 正方形　　え 長方形　　お 台形

① 向かい合った 2 組の辺がそれぞれ平行である。

(　　　　　　　　　)

② 4 つの辺の長さがすべて同じである。

(　　　　　　　　　)

③ 4 つの角がすべて同じ大きさである。

(　　　　　　　　　)

④ 2 本の対角線が、たがいに他を 2 等分する。

(　　　　　　　　　)

教科書 220〜221ページ

15 算数のまとめ
図形 ……(3)

1 次の □ にあてはまる数を書きましょう。 　教221ページ❸　　60点（1つ15）

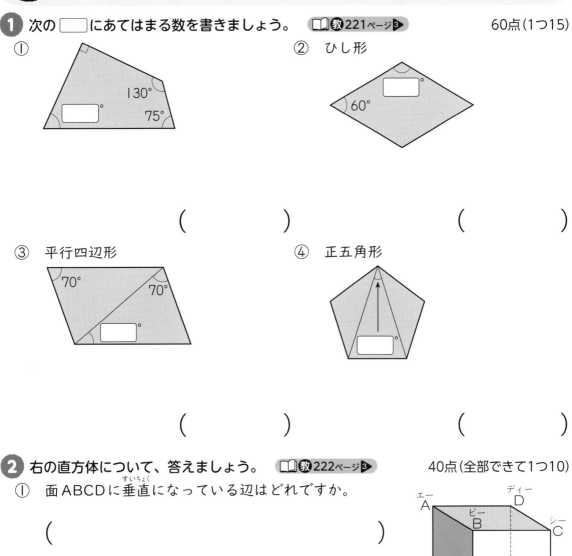

① 　130°　75°

② ひし形 　60°

（　　　　）　（　　　　）

③ 平行四辺形 　70°　70°

④ 正五角形

（　　　　）　（　　　　）

2 右の直方体について、答えましょう。 　教222ページ❸　　40点（全部できて1つ10）

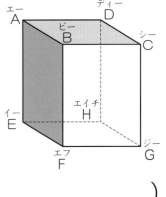

① 面 ABCD に垂直になっている辺はどれですか。

（　　　　　　　　　　　　　　　）

② 面 AEFB に平行になっている面はどれですか。

（　　　　　　　　　　　　　　　）

③ 辺 EF に平行になっている辺はどれですか。

（　　　　　　　　　　　　　　　）

④ 辺 BC に垂直になっている面はどれですか。

（　　　　　　　　　　　　　　　）

時間 **15**分 合格 **80**点 /100

サクッと
こたえ
あわせ

答え 95 ページ

15　算数のまとめ

図形 ……(4)
測定・変化と関係・データの活用 ……(1)

1 次の図形をかきましょう。　📖教 222ページ4▶　　60点(1つ15)

① 直線アイを対称の軸とする線対称な図形　② 点〇を対称の中心とする点対称な図形

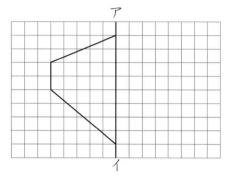

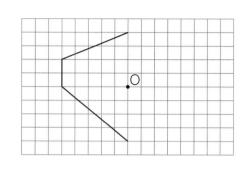

③ 頂点Bを中心にした 2 倍の拡大図　④ 頂点Bを中心にした $\frac{1}{2}$ の縮図

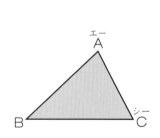

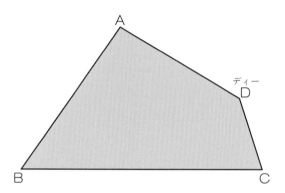

2 次の▢にあてはまる単位を書きましょう。　📖教 223ページ1▶　20点(1つ5)

① ペットボトルのジュースの体積　② 東京から仙台までのきょり

500 ▢　　　　　　　　約 360 ▢

③ 教室の面積　④ 一円玉 1 個の重さ

約 63 ▢　　　　　　　　1 ▢

3 秒速 20m で走る電車があります。　📖教 223ページ3▶　20点(1つ10)

① 電車は分速何 m ですか。　② 電車は時速何 km ですか。

(　　　　　　　)　　(　　　　　　　)

教科書 📖 222〜223ページ

15 算数のまとめ

測定・変化と関係・データの活用 ……(2)

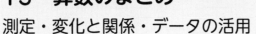

① 次の ①〜④のことがらは、どんなグラフで表すのがよいですか。下のあ〜えから１つずつ選びましょう。　　📖教224ページ4　　40点(1つ10)

① 食パン１枚の中にふくまれている成分の割合。　　（　　　　）

② １年間の気温の変化のようす。　　（　　　　）

③ 6年生45人の50m走の記録のちらばりのようす。　　（　　　　）

④ 6年生の好きなスポーツの人数調べ。　　（　　　　）

　あ　棒グラフ　　い　折れ線グラフ　　う　帯グラフ　　え　柱状グラフ

---

② 右のグラフは、針金の長さ xm と重さ yg の関係を表したものです。　　📖教225ページ5

60点(①・②1つ10、③・④式15・答え5)

① x と y には、どんな関係がありますか。

（　　　　　　　　）

② x と y の関係を式に表しましょう。

（　　　　　　　　）

③ 針金の重さが 100g のとき、針金の長さは何 m ですか。

式

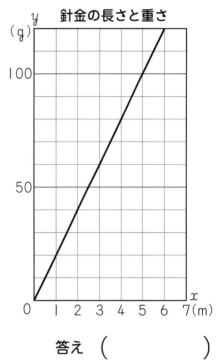

針金の長さと重さ

答え（　　　　　　）

④ 針金の長さが 18m のとき、針金の重さは何 g ですか。

式

答え（　　　　　　）

教科書 📖 224〜225ページ

サクッと
こたえ
あわせ
答え 96ページ

ならべ方と組み合わせ方／文字と式／分数×分数／分数÷分数／小数と分数の計算

1 $\boxed{1}$、$\boxed{3}$、$\boxed{4}$、$\boxed{7}$ の 4 枚のカードがあります。　　　　20点(1つ10)

① 4 枚のカードをならべて、4 けたの整数を作ります。4 けたの整数は何通りできますか。

（　　　　　）

② 3 枚取り出して 3 けたの整数を作ります。3 けたの整数は何通りできますか。

（　　　　　）

2 x にあてはまる数を求めましょう。　　　　30点(1つ10)

① $x+7.2=12$　　　② $x\times4=30$　　　③ $x\times2.8=15.4$

$(x=$　　　$)$　　　$(x=$　　　$)$　　　$(x=$　　　$)$

3 次の計算をしましょう。　　　　50点(1つ5)

① $\dfrac{4}{5}\times\dfrac{4}{3}$　　　② $\dfrac{5}{6}\times\dfrac{9}{10}$　　　③ $\dfrac{14}{15}\times2\dfrac{4}{7}$

④ $6\times\dfrac{20}{9}$　　　⑤ $\dfrac{2}{7}\div\dfrac{3}{4}$　　　⑥ $\dfrac{3}{10}\div\dfrac{15}{16}$

⑦ $3\dfrac{1}{7}\div2\dfrac{5}{14}$　　　　⑧ $10\div2\dfrac{2}{5}$

⑨ $1.2\times5\dfrac{1}{3}$　　　　⑩ $0.45\div\dfrac{1}{7}\times0.25$

時間 **15**分
合格 **80点** ／**100**

答え **96** ページ

サクッと
こたえ
あわせ

対称／円の面積／立体の体積／比とその利用

1 右の図は、平行四辺形です。平行四辺形は点対称な図形です。　20点(1つ10)

① 図に、対称の中心Ｆをかき入れましょう。

② 点Ｅに対応する点Ｇを、図にかき入れましょう。

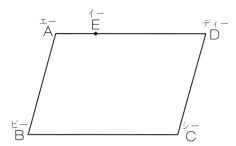

2 次の図形の面積を求めましょう。　30点(1つ15)

① 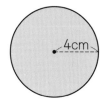　4cm

② 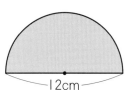　12cm

(　　　　　)　　　(　　　　　)

3 次の図のような立体の体積を求めましょう。　30点(1つ15)

①
20cm　9cm　12cm　15cm

②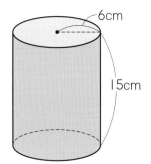
6cm　15cm

(　　　　　)　　　(　　　　　)

4 次の比を簡単にしましょう。　20点(1つ10)

① 1.2 : 1.6

② $\dfrac{7}{12} : \dfrac{7}{15}$

(　　　　　)　　　(　　　　　)

1 実際の長さが 120m のとき、縮尺 $\frac{1}{2000}$ の地図上では何 cm になりますか。

30点

(　　　　　)

2 紙の枚数 x 枚と重さ y g の関係を調べました。 30点(1つ15)

紙の枚数と重さ

枚数 x(枚)	6	12	18	24	30
重さ y(g)	1	2	3	4	5

① x と y の関係を式に表しましょう。

(　　　　　)

② この紙の重さが 7g のとき、紙は何枚あるといえますか。

(　　　　　)

3 右のグラフは、6年1組の走りはばとびの記録を表しています。 40点(1つ10)

① 右のようなグラフを何といいますか。

(　　　　　)

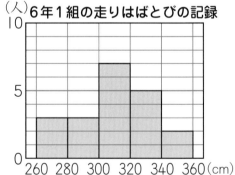

(人) 6年1組の走りはばとびの記録

② 300cm 未満の人数の割合は、1組全体を
もとにしたときの何%ですか。

(　　　　　)

③ 人数がいちばん多い階級は、何 cm 以上何
cm 未満ですか。

(　　　　　)

④ 記録のよい方から数えて5番目の人は、何 cm 以上何 cm 未満の階級に入りますか。

(　　　　　)

1 対称

❶ ① 　②対称の軸

❷ ①点C…点G　辺DE…辺FE
②角F　③垂直に交わっている。
④22mm

❸ ①　②

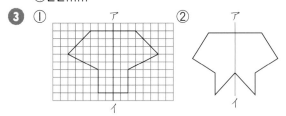

考え方 ❷ 直線AEが対称の軸になります。
対称の軸で2つに折ったとき、重なり合う
点や辺、角を、それぞれ対応する点、辺、
角といいます。
③点Bと点Hは対応する点で、対応する点
を結ぶ直線は、対称の軸に垂直に交わりま
す。
④対称の軸から対応する2つの点までの
長さは、等しくなっています。

2 対称

❶ ① 点対称な図形　②対称の中心
❷ ① 右図
②点A…点D
辺CD…辺FA
角F…角C
③等しくなっている。

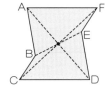

❸ ①

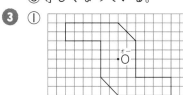

②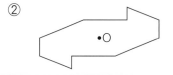

考え方 ❷ ①対応する2つの点を結ぶ3
本の直線は、対称の中心で交わります。
③対称の中心から対応する2つの点まで
の長さは、等しくなっています。

3 対称

❶ ①イ、ウ、カ　②ア、イ、ウ
③ア　イ　ウ

❷ ①6本
②点A…点E　辺DE…辺BA
③辺DE…辺AB　角C…角F

❸ イ、エ

考え方 ❷ ① 対称の軸は、下の図のよう
に6本あります。
②どの直線を対称の
軸にするかによって、
対応する点や辺は変わ
ることに注意します。

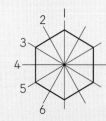

❸ 正五角形や正九角
形は、線対称な図形ですが、点対称な図形
ではありません。また、円は直径が対称の
軸になるので、対称の軸は無数にあります。

4 対称

❶ ①2本
②点B…点D　辺EF…辺AH
③垂直に交わっている。

❷ ① 角E…角J
辺BC…辺GH
②対称の中心

❸ ①～③右図

3 ① 対称の軸から対応する 2 つの点までの長さは等しいので、点キは対称の軸から左へ 2 目もり分の位置になります。

> **おうちのかたへ** 　線対称な図形では、対応する 2 つの点を結ぶ直線は対称の軸に垂直になり、その交わる点から対応する 2 つの点までの長さは、等しくなっています。点対称な図形では、対称の中心から対応する 2 つの点までの長さは、等しくなっています。

→ 5。 2 文字と式 (5ページ)

❶ ① 式　40×5=200　　答え　200g
　　② $(40×\overset{エックス}{x})$ g
❷ ① $(8×\overset{エー}{a})$ cm²　　② $(x×13)$ cm
❸ ① 式　120×10+300=1500
　　　　　　　　　答え　1500 円
　　② $(120×x+300)$ 円

> **考え方** **❷** ① 長方形の面積＝縦×横
> ② まわりの長さ＝1辺の長さ×辺の数
> **❸** りんご1個の値段×個数＋箱代＝代金

→ 6。 2 文字と式 (6ページ)

❶ ①4、8、12、16　　②$x×\boxed{4}=\boxed{y}$
❷ ①$0.9×x=y$　　　②10.8

→ 7。 2 文字と式 (7ページ)

❶ ①$\boxed{250}+\boxed{x}$
　　② 式　$\boxed{250}+\boxed{x}=\boxed{520}$
　　　　　　$x=\boxed{520}-\boxed{250}$
　　　　　　$x=\boxed{270}$　　答え　270g
❷ ①$x=15$　②$x=14$　③$x=93$
　　④$x=5.6$　⑤$x=8$　⑥$x=5.5$
❸ ①$x=8$　　　　②$x=9$

> **考え方** **❷** x にあてはまる数を求めるとき、①の$x+9=24$のようにたし算の式になる場合、逆のひき算でxが求められ、また、⑤の$7×x=56$のようにかけ算の式になる場合、逆のわり算でxが求められます。

---

❶ ①バナナ 5 ふさの代金
　　②バナナ 1 ふさとみかん 1 個を合わせた代金
　　③バナナ 4 ふさとりんご 1 個を合わせた代金
　　④バナナ 6 ふさとみかん 5 個を合わせた代金
❷ ①⑦　　　②⑦　　　③⑦

> **考え方** **❶** ①x はバナナ 1 ふさの値段なので、$x×5$ はバナナ 5 ふさの代金です。③$x×4$ はバナナ4 ふさの代金で、これに150（りんご1個の値段）を加えています。

→ 9。 3 分数と整数のかけ算とわり算 (9ページ)

❶ ①

　　② $\dfrac{\boxed{2}}{3}×\boxed{4}$
　　③2、4、2、4
　　式　$\dfrac{2}{3}×4=\dfrac{\boxed{2}×\boxed{4}}{3}=\dfrac{\boxed{8}}{3}$
　　　　　　　　　答え　$\dfrac{\boxed{8}}{3}$ m²

❷ ①$\dfrac{3}{5}×4=\dfrac{3×\boxed{4}}{5}=\dfrac{\boxed{12}}{5}$
　　②$\dfrac{3}{4}×3=\dfrac{3×\boxed{3}}{4}=\dfrac{\boxed{9}}{4}$
　　③$\dfrac{7}{8}×2=\dfrac{7×\overset{1}{2}}{\underset{4}{8}}=\dfrac{\boxed{7}}{\boxed{4}}$
　　④$\dfrac{5}{12}×9=\dfrac{5×\overset{3}{9}}{\underset{4}{12}}=\dfrac{\boxed{15}}{\boxed{4}}$

❸ ①$\dfrac{9}{8}×2=\dfrac{9×\overset{1}{2}}{\underset{4}{8}}=\dfrac{9}{4}\left(2\dfrac{1}{4}\right)$
　　②$\dfrac{4}{9}×6=\dfrac{4×\overset{2}{6}}{\underset{3}{9}}=\dfrac{8}{3}\left(2\dfrac{2}{3}\right)$

> **考え方** 分数×整数の計算は、分母はそのままにして、分子に整数をかけます。
> $\dfrac{\overset{ビー}{b}}{a}×\overset{シー}{c}=\dfrac{b×c}{a}$

❶ ① $5\boxed{\frac{5}{3}} = \boxed{6}\boxed{\frac{2}{3}}$

② $1\frac{1}{3} \times 5 = \frac{4}{3} \times 5 = \frac{\boxed{4}\times\boxed{5}}{\boxed{3}} = \frac{\boxed{20}}{\boxed{3}}$

$= \boxed{6}\boxed{\frac{2}{3}}$

❷ ① $5\frac{5}{8}$　② $4\frac{4}{5}$　③ $16\frac{1}{2}$　④ $32\frac{2}{3}$

❸ 式　$1\frac{3}{4} \times 3 = 5\frac{1}{4}$　　答え　$5\frac{1}{4}$ L

考え方 ② かける数の整数を、かけられる数の分子にかけて計算します。

11. 3 分数と整数のかけ算とわり算　11ページ

❶ ① $\boxed{\frac{3}{5}} \div \boxed{2}$　②

③ $\boxed{\frac{3}{10}}$ m²

❷ ① $\frac{3}{5} \div 4$

② $\frac{3}{5} \div 4 = \frac{\boxed{3}}{5\times\boxed{4}} = \frac{3}{\boxed{20}}$　　$\boxed{\frac{3}{20}}$ m²

❸ ① $\frac{8}{11} \div 4 = \frac{\overset{2}{\boxed{8}}}{11\times\underset{1}{\boxed{4}}} = \frac{\boxed{2}}{\boxed{11}}$

② $\frac{15}{8} \div 9 = \frac{\overset{5}{\boxed{15}}}{8\times\underset{3}{\boxed{9}}} = \frac{\boxed{5}}{\boxed{24}}$

考え方 分数÷整数の計算は、分子はそのままにして、分母に整数をかけます。

$$\frac{b}{a} \div c = \frac{b}{a\times c}$$

12. 3 分数と整数のかけ算とわり算　12ページ

❶ $2\frac{2}{3} \div 5 = \frac{8}{3} \div \boxed{5} = \frac{\boxed{8}}{3\times\boxed{5}} = \frac{\boxed{8}}{\boxed{15}}$

❷ 式　$3\frac{3}{7} \div 8 = \frac{3}{7}$　　答え　$\frac{3}{7}$ m

❸ ① $\frac{7}{12}$　② $\frac{13}{20}$　③ $1\frac{1}{9}\left(\frac{10}{9}\right)$

④ $\frac{2}{7}$　⑤ $\frac{5}{6}$　⑥ $\frac{17}{18}$

考え方 ② $3\frac{?}{7} \div 8 = \frac{?}{7} \div 8 = \frac{?}{7\times 8}$

③ わる数の整数を、わられる数の分母に かけて計算します。④～⑥は、約分ができ るので、約分してかんたんな分数にします。 ④は、次のように計算します。

$$1\frac{5}{7} \div 6 = \frac{12}{7} \div 6 = \frac{\overset{2}{12}}{7\times6} = \frac{2}{7}$$

13. 4 分数×分数　13ページ

❶ ① $\boxed{\frac{2}{5}} \times \boxed{\frac{2}{3}}$　②

③ 式　$\frac{2}{5} \times \frac{2}{3}$

$= \frac{2\times\boxed{2}}{5\times\boxed{3}} = \frac{\boxed{4}}{\boxed{15}}$

答え　$\boxed{\frac{4}{15}}$ m²

❷ ① $\frac{3}{4} \times \frac{3}{2}$　②

③ 式　$\frac{3}{4} \times \frac{3}{2} = \frac{3\times\boxed{3}}{4\times\boxed{2}} = \frac{\boxed{9}}{\boxed{8}}$

答え　$\boxed{\frac{9}{8}}$ m²

考え方 分数×分数の計算は、分母どうし、分子どうしをかけます。

$$\frac{b}{a} \times \frac{d}{c} = \frac{b\times d}{a\times c}$$

14. 4 分数×分数　14ページ

❶ ① $\frac{3}{8} \times \frac{4}{5} = \frac{3\times\overset{\boxed{1}}{\boxed{4}}}{\underset{\boxed{2}}{8}\times\boxed{5}} = \frac{\boxed{3}}{\boxed{10}}$

② $1\frac{3}{5} \times 2\frac{1}{3} = \frac{\boxed{8}}{5} \times \frac{\boxed{7}}{3} = \frac{\boxed{8}\times\boxed{7}}{5\times3}$

$= \frac{\boxed{56}}{\boxed{15}}\left(\boxed{3\frac{11}{15}}\right)$

❷ 式　$\frac{5}{12} \times 2\frac{4}{5} = \frac{5}{12} \times \frac{14}{5} = \frac{\overset{1}{5}\times\overset{7}{14}}{\underset{6}{12}\times\underset{1}{5}} = \frac{7}{6}$

答え　$\frac{7}{6}\left(1\frac{1}{6}\right)$ kg

⑤15　②4(14)　③2(12)

④$\frac{1}{4}$　⑤$4\frac{7}{12}\left(\frac{55}{12}\right)$

⑥$9\frac{1}{3}\left(\frac{28}{3}\right)$ ⑦$4\frac{2}{3}\left(\frac{14}{3}\right)$ ⑧$\frac{5}{6}$

考え方 約分できるときは、計算のと中で約分し、できるだけ簡単な分数にします。

15. | 4 **分数×分数**　15ページ

❶ ①$3\times\frac{2}{5}=\frac{3}{\boxed{1}}\times\frac{2}{5}=\frac{3\times\boxed{2}}{\boxed{1}\times5}=\frac{\boxed{6}}{5}$

②$\frac{5}{6}\times5=\frac{5}{6}\times\frac{5}{\boxed{1}}=\frac{5\times\boxed{5}}{6\times\boxed{1}}=\frac{\boxed{25}}{6}$

❷ ①$\frac{8}{7}\left(1\frac{1}{7}\right)$ ②$\frac{5}{6}$ ③6

④$\frac{5}{2}\left(2\frac{1}{2}\right)$ ⑤$\frac{10}{7}\left(1\frac{3}{7}\right)$ ⑥$\frac{4}{3}\left(1\frac{1}{3}\right)$

❸ ①…○　②…△　③…△　④…○

考え方 ❶ 整数は分母が1の分数と考えます。3=$\frac{3}{1}$、5=$\frac{5}{1}$になります。

❸ 1より小さい分数をかけると、積は、かけられる数より小さくなります。

16. | 4 **分数×分数**　16ページ

❶ ①$\frac{1}{6}$　②$\frac{1}{14}$　③$\frac{7}{20}$　④$\frac{4}{3}\left(1\frac{1}{3}\right)$

❷ 式　$\frac{4}{5}\times\frac{7}{6}=\frac{14}{15}$

　　　　　　答え　$\frac{14}{15}$cm²

❸ 式　$\frac{2}{3}\times\frac{2}{3}\times\frac{2}{3}=\frac{8}{27}$

　　　　　　　答え　$\frac{8}{27}$m³

❹ 式　$\frac{7}{8}\times2\frac{1}{4}=\frac{63}{32}$

　　　　　　答え　$\frac{63}{32}\left(1\frac{31}{32}\right)$m²

17. | 4 **分数×分数**　17ページ

❶ ①$\frac{\boxed{3}}{\boxed{7}}$　②$\frac{\boxed{3}}{\boxed{4}}$　③$\frac{\boxed{1}}{\boxed{4}}$　④$\frac{\boxed{2}}{\boxed{3}}$

❷ ㋐$\frac{2}{5}$m²　　　㋑$\frac{2}{5}$m²

❸ ㋐$\frac{1}{18}$m³　　　㋑$\frac{1}{18}$m³

考え方 ❷ $\frac{3}{5}\times\frac{2}{3}=\frac{3\times2}{5\times3}=\frac{2}{5}$

㋑$\frac{2}{3}\times\frac{3}{5}=\frac{2\times3}{3\times5}=\frac{2}{5}$

❸ ㋐$\frac{3}{8}\times\left(\frac{2}{9}\times\frac{2}{3}\right)=\frac{3}{8}\times\frac{2\times2}{9\times3}$

$=\frac{3}{8}\times\frac{4}{27}=\frac{3\times4}{8\times27}=\frac{1}{18}$

㋑$\left(\frac{3}{8}\times\frac{2}{9}\right)\times\frac{2}{3}=\frac{3\times2}{8\times9}\times\frac{2}{3}$

$=\frac{1}{12}\times\frac{2}{3}=\frac{1\times2}{12\times3}=\frac{1}{18}$

18. | 4 **分数×分数**　18ページ

❶ ①$\frac{7}{5}$　②$\frac{15}{7}$　③$\frac{3}{8}$　④$\frac{10}{17}$

❷ ①$\frac{7}{4}$　②$\frac{11}{8}$　③$\frac{7}{9}$　④$\frac{4}{15}$

⑤$\frac{9}{13}$　⑥$\frac{3}{10}$　⑦4　⑧10

⑨$\frac{1}{8}$　⑩$\frac{1}{17}$　⑪$\frac{10}{3}$　⑫$\frac{4}{5}$

考え方 分数の逆数は、分母と分子を入れかえた分数になります。

❷ ⑤帯分数は仮分数になおしてから、分母と分子を入れかえます。　$1\frac{4}{9}=\frac{13}{9}\diagdown\frac{9}{13}$

⑨整数は、分母が1の分数になおします。　$8=\frac{8}{1}\diagdown\frac{1}{8}$

⑪小数は分数になおしてから、分母と分子を入れかえます。

⑫$1.25=\frac{125}{100}=\frac{5}{4}\diagdown\frac{4}{5}$

19. | 4 **分数×分数**　19ページ

❶ ①$\frac{1}{14}$　②$\frac{4}{25}$　③$\frac{2}{9}$

④$1\frac{1}{4}\left(\frac{5}{4}\right)$ ⑤$5\frac{3}{5}\left(\frac{28}{5}\right)$ ⑥$5\frac{1}{4}\left(\frac{21}{4}\right)$

⑦$\frac{4}{3}\left(1\frac{1}{3}\right)$ ⑧10

❸ 式 $\dfrac{5}{4} \times \dfrac{2}{3} = \dfrac{5}{6}$

答え $\dfrac{5}{6}$ m²

❹ ① $\dfrac{9}{4}$　② $\dfrac{6}{11}$　③ $\dfrac{1}{3}$　④ $\dfrac{5}{6}$

考え方　分数×分数の計算は、分母どうし、分子どうしをかけます。

❷ １より小さい分数をかけると、積は、かけられる数より小さくなります。

❸ 辺の長さが分数の場合でも、面積を求める公式が使えます。

❹ ④ $1.2 = \dfrac{12}{10} = \dfrac{6}{5}$、$\dfrac{6}{5}$ の逆数は $\dfrac{5}{6}$

おうちのかたへ　分数のかけ算をしたときに、計算の途中で約分できるときは約分しましょう。また、帯分数の逆数は、帯分数を仮分数に直してから考えます。整数や小数の逆数は、分数に直してから考えます。

20. 5 分数÷分数

❶ ① $\dfrac{3}{4} \div \dfrac{2}{3}$

②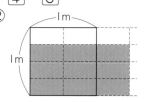

③ 式 $\dfrac{3}{4} \div \dfrac{2}{3} = \dfrac{3 \times \boxed{3}}{4 \times \boxed{2}} = \dfrac{\boxed{9}}{\boxed{8}}$

答え $\dfrac{\boxed{9}}{\boxed{8}}$ m²

❷ ① $\dfrac{2}{5} \div \dfrac{2}{3} = \dfrac{2 \times \boxed{3}}{5 \times \boxed{2}} = \dfrac{\boxed{3}}{\boxed{5}}$

② $\dfrac{5}{6} \div \dfrac{3}{5} = \dfrac{5 \times \boxed{5}}{6 \times \boxed{3}} = \dfrac{\boxed{25}}{\boxed{18}}$

❸ ① $\dfrac{3}{2}\left(1\dfrac{1}{2}\right)$　② $\dfrac{21}{10}\left(2\dfrac{1}{10}\right)$

③ $\dfrac{9}{16}$　④ $\dfrac{8}{27}$

考え方　分数÷分数の計算は、わる数の逆数をかけて計算します。

---

❶ ① $\dfrac{3}{4} \div \dfrac{15}{7} = \dfrac{3}{4} \times \dfrac{\boxed{7}}{\boxed{15}} = \dfrac{\boxed{7}}{\boxed{20}}$

② $4 \div \dfrac{3}{7} = \dfrac{4}{\boxed{1}} \div \dfrac{3}{7} = \dfrac{\boxed{4}}{\boxed{1}} \times \dfrac{\boxed{7}}{\boxed{3}} = \dfrac{\boxed{28}}{\boxed{3}}$

❷ ① $\dfrac{6}{5}\left(1\dfrac{1}{5}\right)$　② $\dfrac{7}{6}\left(1\dfrac{1}{6}\right)$　③ $\dfrac{1}{6}$

④ $\dfrac{1}{6}$　⑤ $\dfrac{6}{5}\left(1\dfrac{1}{5}\right)$　⑥ 2

⑦ $\dfrac{21}{2}\left(10\dfrac{1}{2}\right)$　⑧ $\dfrac{3}{2}\left(1\dfrac{1}{2}\right)$

⑨ 18　⑩ $\dfrac{2}{3}$　⑪ $\dfrac{2}{39}$　⑫ $\dfrac{1}{9}$

考え方　約分できるときは、約分しましょう。

22. 5 分数÷分数

❶ ① $\dfrac{2}{3} \div 1\dfrac{2}{5} = \dfrac{2}{3} \div \dfrac{\boxed{7}}{\boxed{5}} = \dfrac{2}{3} \times \dfrac{\boxed{5}}{\boxed{7}} = \dfrac{\boxed{10}}{\boxed{21}}$

② $2\dfrac{1}{4} \div 1\dfrac{7}{8} = \dfrac{\boxed{9}}{\boxed{4}} \div \dfrac{\boxed{15}}{\boxed{8}} = \dfrac{\boxed{9}}{\boxed{4}} \times \dfrac{\boxed{8}}{\boxed{15}} = \dfrac{\boxed{6}}{\boxed{5}}$

❷ ① $\dfrac{18}{35}$　② $\dfrac{7}{30}$　③ $\dfrac{5}{9}$

④ $4\dfrac{1}{6}\left(\dfrac{25}{6}\right)$　⑤ $2\dfrac{6}{7}\left(\dfrac{20}{7}\right)$

⑥ $1\dfrac{1}{2}\left(\dfrac{3}{2}\right)$　⑦ $1\dfrac{1}{2}\left(\dfrac{3}{2}\right)$

⑧ $1\dfrac{1}{3}\left(\dfrac{4}{3}\right)$

考え方　帯分数をふくむわり算は、帯分数を仮分数になおしてから計算します。

23. 5 分数÷分数

❶ 式 $1\dfrac{2}{3} \div \dfrac{5}{18} = \boxed{6}$　答え 6本

❷ 式 $18 \div 2\dfrac{2}{3} = \dfrac{27}{4}$　答え $\dfrac{27}{4}\left(6\dfrac{3}{4}\right)$ m

❸ ①…○　②…△　③…△　④…○

考え方　❷ 縦の長さを □m とすると、

$\square \times 2\dfrac{2}{3} = 18$ より、$\square = 18 \div 2\dfrac{2}{3}$

で求められます。

❸ １より小さい分数でわると、商はわられる数より大きくなり、１より大きい分数でわると、商はわられる数より小さくなります。

ページ

❶ 式 $\dfrac{8}{5} \div \dfrac{2}{3} = \dfrac{12}{5}$　答え $2\dfrac{2}{5}\left(\dfrac{12}{5}\right)$kg

❷ 式 $\dfrac{6}{7} \times \dfrac{3}{2} = \dfrac{9}{7}$　答え $1\dfrac{2}{7}\left(\dfrac{9}{7}\right)$kg

❸ 式 $\dfrac{6}{7} \times \dfrac{4}{3} = \dfrac{8}{7}$　答え $1\dfrac{1}{7}\left(\dfrac{8}{7}\right)$m²

考え方 分数で考えるとむずかしいときは、整数になおして、かけ算になるか、わり算になるかを考えてみましょう。

25. 5 分数÷分数　25ページ

❶ ① $\dfrac{18}{5}\left(3\dfrac{3}{5}\right)$ ② $\dfrac{8}{35}$ ③ $\dfrac{5}{6}$

④ 6 ⑤ 12 ⑥ $\dfrac{1}{9}$

⑦ $\dfrac{3}{4}$ ⑧ $\dfrac{9}{14}$

❷ 式 $\dfrac{8}{3} \div \dfrac{5}{2} = \dfrac{16}{15}$

　答え $\dfrac{16}{15}\left(1\dfrac{1}{15}\right)$kg

❸ 式 $160 \div 12\dfrac{4}{7} = \dfrac{140}{11}$

　答え $\dfrac{140}{11}\left(12\dfrac{8}{11}\right)$L

考え方 整数は、分母が1の分数と考えて、分数÷分数の計算をします。

おうちのかたへ 分数÷分数は、わる数を逆数になおして、分数×分数で考えます。

26. 6 資料の整理　26ページ

❶ ①78.1点 ②77.9点

③最高点93点、最低点63点

④最高点98点、最低点63点

⑤下図

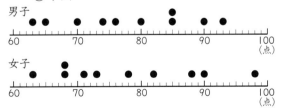

資料の整理　ページ

❶ ①

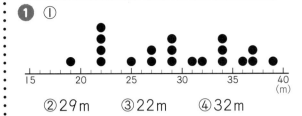

②29m　③22m　④32m

考え方 ❶ ②データの数が偶数のときは、中央にならぶ2つの値の平均値を中央値とします。この問題では、データの数が20なので、データの値を大きさの順にならべたときの10番目と11番目の記録の平均値の29mが中央値になります。

28. 6 資料の整理　28ページ

❶ ①右の表
②4人
③280cm以上
　300cm未満
④300cm以上
　320cm未満
⑤8人

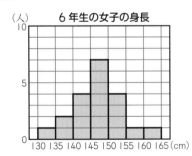

6年1組の走りはばとびの記録

階級（cm）以上　未満	人数（人）
240〜260	2
260〜280	4
280〜300	6
300〜320	5
320〜340	2
340〜360	1
合　計	20

考え方 ❶ ⑤300cm以上の人数は、5+2+1=8（人）になります。

29. 6 資料の整理　29ページ

❶
6年生の女子の身長

❷ ①1組　②2組　③5人　④25%

考え方 ❷ ②1組は2人、2組は3人です。
④1組全体の人数は20人、25m以上30m未満の人数は5人、5÷20=0.25なので、1組の全体の25%になります。

1 ① $x×3=30$

② $80×x+150=1350$

③ $1000-x×5=400$

2 ① $x=6$　② $x=16$　③ $x=30$

④ $x=5.3$　⑤ $x=8$　⑥ $x=13$

3 ①…⑦、⑦、①、⑦　②…⑦、⑦、⑦、⑦

③…⑦、①　　　④…⑦

考え方 **3** それぞれの図形の対称の軸や対称の中心は、次のようになります。

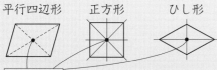

平行四辺形　　正方形　　　ひし形

対称の中心　対称の軸 4本　対称の軸 2本

正五角形　　　　　長方形

対称の軸 5本　　　対称の軸 2本

---

31. 分数と整数のかけ算とわり算／分数×分数／分数÷分数 　**31** ページ

1 ① 2　② $2\frac{4}{5}\left(\frac{14}{5}\right)$　③ $6\frac{1}{2}\left(\frac{13}{2}\right)$

④ $22\frac{2}{3}\left(\frac{68}{3}\right)$　　⑤ $\frac{3}{35}$　⑥ $\frac{2}{9}$

⑦ 25　⑧ 6　⑨ $\frac{1}{27}$　⑩ $\frac{1}{3}$　⑪ $\frac{1}{4}$

⑫ $\frac{3}{5}$　⑬ $\frac{7}{8}$　⑭ $\frac{2}{3}$　⑮ 4　⑯ $\frac{2}{3}$

2 式　$3\frac{1}{8}÷5=\frac{5}{8}$　　　答え　$\frac{5}{8}$ L

考え方 **1** 分数のかけ算は、分母どうし、分子どうしをかけて計算します。分数のわり算は、わる数の逆数をかけて計算します。

⑫ $4\frac{4}{5}÷8=\frac{24}{5}×\frac{1}{8}=\frac{\overset{3}{24}}{5×\underset{1}{8}}=\frac{3}{5}$

おうちのかたへ 約分できるときは、約分しましょう。

---

32. 分数×分数／分数÷分数／資料の整理　**32** ページ

1 ① 式　$\frac{8}{9}×\frac{3}{4}=\frac{2}{3}$　　答え　$\frac{2}{3}$ kg

---

答え　$\frac{6}{5}\left(1\frac{1}{5}\right)$ m²

2 式　$12\frac{1}{2}÷3\frac{3}{4}=\frac{10}{3}$

答え　$\frac{10}{3}\left(3\frac{1}{3}\right)$ cm

3 ① 25m 以上 30m 未満　② 32%

③ 30m 以上 35m 未満

考え方 **3** ② クラスの人数は、

$2+4+5+8+3+1+2=25$（人）だから、

$8÷25=0.32$ より、32%です。

おうちのかたへ **1** 数量の関係を数直線や表に表すと式がたてやすいです。分数で考えると難しいときは、整数におき換えましょう。

3 ③35m 以上の人は 3 人なので、30m 以上 35m 未満の人は、記録のよい方から 4 番目から 6 番目の人になります。

---

33. 7 ならべ方と組み合わせ方　**33** ページ

1 ①⑦…け、⑦…け、⑦…み、①…け、

⑦…み、⑦…け、⑦…し、⑦…み、

⑦…し、⑦…6

②24 通り

2 ①6 通り　　　　②24 通り

考え方 **1** ②4 人のうちのだれが先頭になっても、ならび方はそれぞれ 6 通りずつあります。

---

34. 7 ならべ方と組み合わせ方　**34** ページ

1 ①12、13、14、21、

23、24、31、32、

34、41、42、43

②12 通り

2 ①右図　　②8通り

3 ①4 通り　　②8通り

A　B　C

考え方 **3** ①1 回目が表になる出方は、右のように 4 通りあります。

表〈表〈表／裏　裏〈表／裏

1 ① A と C（の試合）　②4試合
③A―B、A―C、A―D、A―E、
B―C、B―D、B―E、C―D、
C―E、D―E
④10試合

2 28試合

考え方 **1** ①問題にあるような表に表す
と、対戦チームがわかります。
③A―BとB―Aは同じ試合を表します。
2 表で、ななめの線をひいた部分より右
上にあるますの数が試合の数になります。

1 ①

赤	○	○	○	○						
青	○				○	○	○			
緑		○			○			○	○	
茶			○			○		○		○
黄				○			○		○	○

②
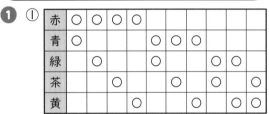

③10通り

2 ①1種類　　②6通り

考え方 **2** 6種類の中から5種類を選んだ
とき、選ばなかったくだものは1種類にな
ります。したがって、選ばないくだものが
何通りあるかを考えればよいといえます。

1 ① $\frac{1}{4}+0.6=\boxed{0.25}+0.6=\boxed{0.85}$
② $\frac{1}{4}+0.6=\frac{1}{4}+\frac{\boxed{6}}{10}=\frac{\boxed{5}}{20}+\frac{\boxed{12}}{20}=\frac{\boxed{17}}{20}$

2 ① $0.7+\frac{5}{6}=\frac{\boxed{7}}{10}+\frac{5}{6}=\frac{\boxed{21}}{30}+\frac{\boxed{25}}{30}=\frac{\boxed{23}}{15}$
② $0.75-\frac{1}{12}=\frac{\boxed{3}}{4}-\frac{1}{12}=\frac{\boxed{9}}{12}-\frac{1}{12}=\frac{\boxed{2}}{3}$

---

③ $\frac{2}{3}$ 　　④ $\frac{33}{50}(0.66)$

考え方 **3** ① $\frac{5}{7}$ は、小数では正確に表せ
ないので、0.4 を $\frac{2}{5}$ にして計算します。

1 $2.4\times\frac{\boxed{5}}{6}\div2=\frac{24}{\boxed{10}}\times\frac{\boxed{5}}{6}\div\frac{2}{\boxed{1}}$
$=\frac{24}{\boxed{10}}\times\frac{\boxed{5}}{6}\times\frac{\boxed{1}}{2}$
$=\frac{\boxed{24}\times5\times\boxed{1}}{\boxed{10}\times6\times\boxed{2}}=\boxed{1}$

2 $2.4\div0.36\times0.45=\frac{\boxed{24}}{10}\div\frac{\boxed{36}}{100}\times\frac{\boxed{45}}{100}$
$=\frac{\boxed{24}}{10}\times\frac{100}{\boxed{36}}\times\frac{\boxed{45}}{100}$
$=\frac{\boxed{24}\times100\times\boxed{45}}{10\times\boxed{36}\times100}$
$=\boxed{3}$

3 ① $\frac{21}{8}\left(2\frac{5}{8}\right)$　②$\frac{7}{12}$　③$\frac{20}{7}\left(2\frac{6}{7}\right)$
④$\frac{25}{2}\left(12\frac{1}{2}\right)$　⑤4　　⑥$\frac{3}{5}$

考え方 **3** ① $\frac{1}{2}\times0.7\div\frac{2}{15}$
$=\frac{1}{2}\times\frac{7}{10}\times\frac{15}{2}=\frac{21}{8}$
④ $35\div42\times15=\frac{35}{1}\div\frac{42}{1}\times\frac{15}{1}$
$=\frac{35}{1}\times\frac{1}{42}\times\frac{15}{1}=\frac{35\times1\times15}{1\times42\times1}=\frac{25}{2}$

1 式 $171\div9.5=18$
$105\div18=\frac{35}{6}$　　答え $\frac{35}{6}\left(5\frac{5}{6}\right)$L

2 式 $1-0.2=0.8$、$1800\times0.8=1440$
答え 1440円

3 ① 式 $39\times\frac{1}{45}=\frac{13}{15}$　答え 約$\frac{13}{15}$kg
② 式 $8\div\frac{1}{5}=40$　　答え 約40kg
③ 式 $39\times\frac{1}{13}=3$　　答え 約3kg

考えると、171÷9.5=18(km)、105km 進むのに必要なガソリンは、105÷18で 求められます。1km で何 L 使うかを考え てから求める方法もあります。

2 定価の20%引きなので、定価の80% で買ったことになります。

40. 倍の計算〜分数倍〜

1 ① 式 $\boxed{32}÷\boxed{24}=\dfrac{4}{3}$

答え $\dfrac{4}{3}\left(1\dfrac{1}{3}\right)$倍

② 式 $20÷24=\dfrac{5}{6}$ 答え $\dfrac{5}{6}$倍

2 式 $\boxed{40}×\boxed{\dfrac{6}{5}}=\boxed{48}$ 答え 48cm

3 式 $x×\boxed{\dfrac{7}{5}}=\boxed{35}$、$x=\boxed{35}÷\boxed{\dfrac{7}{5}}=\boxed{25}$

答え 25cm

考え方 倍＝比べられる量÷もとにする量 です。倍は割合を使って表すことがありま す。また、分数で表すこともできます。
1 ① 平均の x 倍として、$24×x=32$、 $x=32÷24=\dfrac{4}{3}$と求めてもよいです。
② 平均の x 倍として、$24×x=20$、 $x=20÷24=\dfrac{5}{6}$と求めてもよいです。

41. 9 円の面積

1 ①83 ②83cm² ③21
④10.5cm² ⑤93.5cm²
⑥$\boxed{93.5}×4=\boxed{374}$ 約$\boxed{374}$cm²
⑦ 式 11×11=121
374÷121=3.09… 答え 約3.1倍

考え方 **1** ①、③それぞれの方眼の数を 数えるときには、注意して数え、見落とし がないようにします。

42. 9 円の面積

1 ①円の面積＝$\boxed{直径}$×3.14× 半径 ÷2
＝$\boxed{半径}$×2×3.14×$\boxed{半径}$÷2
＝$\boxed{半径}$×$\boxed{半径}$×3.14

＝半径×$\boxed{直径}$×3.14÷2
＝半径×$\boxed{半径}$×2×3.14÷2
＝$\boxed{半径}$×$\boxed{半径}$×3.14

考え方 円の面積の求め方を、三角形や長方 形(平行四辺形)におきかえて調べます。

43. 9 円の面積

1 ①$\boxed{4}×\boxed{4}×\boxed{3.14}=\boxed{50.24}$ 50.24cm²
②$\boxed{14}÷2=\boxed{7}$、
$\boxed{7}×\boxed{7}×\boxed{3.14}=\boxed{153.86}$
153.86cm²
③200.96cm² ④254.34cm²
2 ①あ18.84cm ⓘ37.68cm
②あ28.26cm² ⓘ113.04cm²
③円周…2 倍 面積…4 倍

考え方 **1** ④56.52÷3.14=18(cm)
18÷2=9、9×9×3.14=254.34(cm²)
2 ②あ3×3×3.14=28.26(cm²)
ⓘ6×6×3.14=113.04(cm²)

44. 9 円の面積

1 ①7.74cm² ②10.75cm² ③75.36cm²
④78.5cm² ⑤9.12cm²

考え方 **1** ①$\dfrac{1}{4}$の円の位置 をかえると、右の図のよう になります。正方形の面積 から円の面積をひきます。
②長方形の面積から半円の面積をひきます。
③半径 8cm の半円から半径 4cm の半円 をひきます。
④半円の中にある円の半径は 5cm です。
⑤ 右の図の斜線部分の 面積は、半径 4cm の円 の面積の$\dfrac{1}{4}$から、底辺が 4cm で高さが 4cm の 三角形の面積をひいて求めます。その 2 倍 が求める面積になります。

$4×4×3.14×\dfrac{1}{4}-4×4÷2=4.56$
$4.56×2=9.12$(cm²)

❶ ①10個　　②22個
③　式　$100×(10+22÷2)=2100$
答え　約2100m²

❷ ①三角形
②　式　$5×4÷2=10$　答え　約10cm²

考え方 **❷** 葉は、底辺が5cm、高さが4cmの三角形とみることができます。

---

46. 10　立体の体積　46ページ

❶ ①8個　　②3段
③　式　$\boxed{2}×\boxed{4}×\boxed{3}=\boxed{24}$
答え　24cm³

❷ ①　式　$3×2÷2=3$　　答え　3cm²
②　式　$3×5=15$　　答え　15cm³

❸ 式　$(3+5)×3÷2=12$、$12×4=48$
答え　48cm³

考え方 **❸** 底面が台形なので、
底面積＝(上底＋下底)×高さ÷2

---

47. 10　立体の体積　47ページ

❶ ①底面積
②　式　$(\boxed{5}×\boxed{5}×3.14)×\boxed{12}=\boxed{942}$
答え　942cm³

❷ ①　式　$(10×10×3.14)×20$
$=6280$　　答え　6280cm³
②　式　$(5×5×3.14)×15=1177.5$
答え　1177.5cm³

❸ 式　$(5×5×3.14)×8÷2=314$
答え　314cm³

考え方 **❸** 底面が半径5cmの円で、高さが8cmの円柱の体積の半分です。底面を半円と考えて体積を求めることもできます。
$(5×5×3.14÷2)×8=314$

---

48. 10　立体の体積　48ページ

❶ ①　式　$(12×5+8×10)×10=1400$
答え　1400cm³
②　式　$(6×6+3×4)×2=96$
答え　96cm³

答え　240cm³

❷ 式　$(9×12-3×3×3.14)×15=1196.1$
答え　1196.1cm³

考え方 **❶** 底面積は、次のようにして求めることもできます。
①$12×15-4×10=140$
②$6×10-3×4=48$
❷ 四角柱の体積から円柱の体積をひいて求めることもできますが、問題の図のような立体の体積は、(底面積)×(高さ)で求めることもできます。底面積は、縦9cm、横12cmの長方形の面積から、半径3cmの円の面積をひいたものになります。

---

49. 10　立体の体積　49ページ

❶ ①縦…7m　横…5m　高さ…0.8m
②　式　$7×5×0.8=28$　答え　約28m³

❷ 式　$12×20×10=2400$
答え　約2400cm³

❸ 式　$(10×10×3.14)×6=1884$
答え　約1884cm³

考え方 **❶** ①図のプールの形を、縦7目もり、横5目もりの長方形とみます。

---

50. 11　比とその利用　50ページ

❶ ①3：5　　②比

❷ ①2：3　②$\frac{2}{3}$　③比の値　④$A÷B$

❸ ①比 3：1　比の値 3
②比 20：37　比の値 $\frac{20}{37}$
③比 8：15　比の値 $\frac{8}{15}$

考え方 「AとBの割合」というとき、比を使って、A：Bと書きます。

---

51. 11　比とその利用　51ページ

❶ ①2、2　　②3、3

❷ 式
　　　　　　　×3
　$150：30=450：90$
　　　　　　　×3
答え　水450mL、牛乳90mL

④ ①4：3　②11：2　③15：2

　④18：25

考え方 比の値を変えないで、比をできるだけ小さい整数の比になおすことを、比を簡単にするといいます。

　④ ②44：8＝(44÷4)：(8÷4)＝11：2

　③1.5：0.2＝(1.5×10)：(0.2×10)

　　　　　＝15：2

　④$\frac{3}{5}$：$\frac{5}{6}$＝$\left(\frac{3}{5}×30\right)$：$\left(\frac{5}{6}×30\right)$＝18：25

❶ ①5：3＝x：9　(3：5＝9：x)

　②15m

❷ ①⑦7

　　　① 式　4：7＝x：840

　　　　(7：4＝840：x)　答え　480人

　②⑦$\frac{4}{7}$

　　　① 式　840×$\frac{4}{7}$＝480

　　　　　　　　　答え　480人

考え方 **❶** 高さ：かげの長さで、2つの比を表します。

　❷ ①⑦全体は、4＋3で7になります。

❶ ①5：4　②7：3

❷ ①x＝16　②x＝24　③x＝20

　④x＝49　⑤x＝2　⑥x＝3

❸ ①3：5　②20：3　③4：5

❹ 式　大きい正方形の1辺の長さを$x$cmとすると、6：7＝18：x、x＝7×3＝21

　　　　　　　　　答え　21cm

考え方 **❷** A：Bの、AとBに同じ数をかけても、AとBを同じ数でわっても、比の値は変わりません。

　③ $\overset{\overset{×4}{\frown}}{x}$：24＝5：6　x＝5×4＝20
　　　$\underset{\underset{×4}{\smile}}{}$

　❸ ①45：75＝(45÷15)：(75÷15)

　　　　　　＝3：5

　　　　　＝32：40＝4：5

おうちのかたへ A：B＝(A×C)：(B×C)、A：B＝(A÷C)：(B÷C)になります。

❶ ①1：2　②角H　③2倍　④36cm

❷ あの拡大図…お　　　うの縮図…こ

考え方 **❶** いの図は、あの図の2倍の拡大図になっています。

　④直線EGは、直線ACの2倍の長さです。

❶

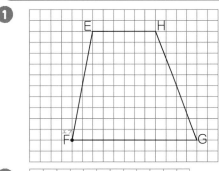

❷

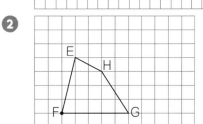

考え方 **❷** 方眼の数が半分になるようにしてかきます。

❶ ① 角B　　②

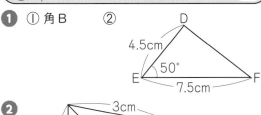

❷

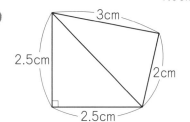

角形の拡大図や縮図をかくことができます。

①3つの辺の長さ。

②2つの辺の長さとその間の角の大きさ。

③１つの辺の長さとその両はしの２つの角の大きさ。

❶
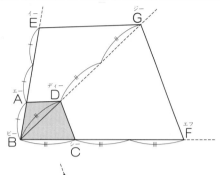

❷
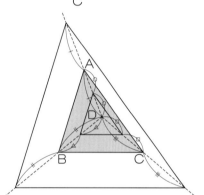

考え方 ❶ 頂点Bを中心にして、辺BA、辺BC、直線BDを、それぞれ３倍にのばした点を見つけます。

❶ ①20m

②横の長さ…24m、
縦の長さ…40m

③7cm5mm

❷ 縮図は右

約15m（14.7m、15.3mも正解）

5cm
40°
6cm

考え方 ❶ ①１(cm)×2000=2000(cm)、
2000cm=20m です。

❷ 底辺が6cm、底辺の両はしの角が
40°と90°の三角形をかくと、高さが約
5cmになります。

❶ ①点D ②75° ③7cm

④2.5（$2\frac{1}{2}$、$\frac{5}{2}$）倍

❷
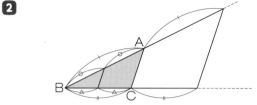
A
B
C

❸ ①$\frac{1}{2000}$ ②2000 ③11600

④116

考え方 ❶ 辺BCと辺EFが対応する辺で、
辺EFの長さは、辺BCの2.5倍です。

❸ 200m=20000cm なので、
10:20000=1:2000 したがって、
縮尺が$\frac{1}{2000}$の縮図になります。

❶ ①3

②⑦7、85、595 ①7、595

❷ ①⑦⑧12 ⑥16 ⑦20

①⑧280 ⑥350

⑦⑧9 ⑥25

②⑦、①

考え方 ❶ 紙の枚数が2倍、3倍、…になると、紙の厚さも2倍、3倍、…になるので、紙の厚さは紙の枚数に比例します。

❷ ⑦は、x が2倍、3倍、…になると、y は4倍、9倍、…になるので、比例していません。

❶ ① いえる ②3 ③3

④ 式 3×10=30 答え 30cm

❷ ① 式 $y=90×x$

きまった数 りんご1個の代金（値段）

② 式 $y=50×x$

きまった数 1時間あたりに走る
道のり（時速）

考え方 y が x に比例するとき、x と y は、$y=$ きまった数×x の式で表すことができます。比例の関係で「きまった数」が表すものは、次のようになります。
① x の値が１増えるときの、y の値の増える量
② $y÷x$ の商
③ x が１のときの y の値

62。 | 13 比例と反比例　 62ページ

❶ ①②　水を入れた時間と深さ

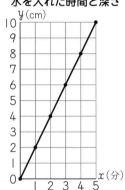

❷ ①⑦30
　　①75
　　⑦90
　②右の図

針金の長さと重さ

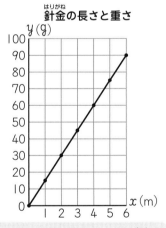

考え方 比例の関係をグラフに表すと、縦の軸と横の軸が交わる０の点を通る直線になります。

63。 | 13 比例と反比例　63ページ

❶ ①⑥50g　　　①20g
　②⑥
　③⑦⑥60g　　　①24g
　　①⑥90g　　　①36g
　④⑥0.8m　　　①2m
　⑤⑦①　　　　①⑥

を上に見ていき、直線と交わったところから横に見て縦の軸の目もりを読みます。

64。 | 13 比例と反比例　64ページ

❶ ① 比例している
　②⑦7、7、4、7、28、28
　　①0.08、0.08、0.08、28
　③⑦　式　450÷50＝9、4×9＝36
　　　　　　　　　　　答え　36g
　　①　式　0.08×450＝36　答え　36g

考え方 ❶　②⑦も①も、比例の性質を利用しています。⑦は x の値が7倍になると、y の値も7倍になると考えています。①は $y=$ きまった数×x の式の、きまった数を求めて考えています。

65。 | 13 比例と反比例　65ページ

❶ ①⑦9　　　　①6　　　　⑦3
　②$\frac{1}{2}$ 倍、$\frac{1}{3}$ 倍になる
　③2倍、3倍になる　④反比例している
❷ ①×　　　　　　②○

考え方 ❶　x の値が1から2、3になると、y の値は36から18、12になっています。
❷　①x の値が1ずつ増えると、y の値は2ずつ増えています。

66。 | 13 比例と反比例　66ページ

❶ ①反比例している　②18
　③長方形の面積　④18、18、5、3.6
　⑤　面積が18cm²の長方形の横と縦の長さ

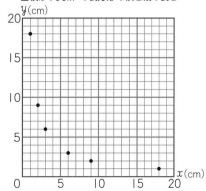

$x \times y = 18$ となります。

67。 13 比例と反比例

67ページ

1 ①あ100円　い50円
　②あ　　　　③240円

2 ①

底辺 x(cm)	1	2	4	5	10	20
高さ y(cm)	20	10	5	4	2	1

　②$x \times y = 20$($y = 20 \div x$)　③2.5cm
　④ 面積が20cm²の平行四辺形の底辺と高さ

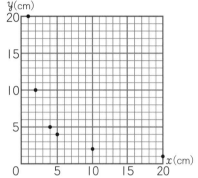

考え方 **1** あのグラフもいのグラフも、0の点を通る直線なので、y は x に比例することがわかります。
③グラフから読み取ります。
2 平行四辺形の面積＝底辺×高さなので、$x \times y = 20$ の関係になります。

おうちのかたへ y が x に比例するとき、$y =$ きまった数 $\times x$ の式で表すことができ、y が x に反比例するとき、$x \times y =$ きまった数($y =$ きまった数 $\div x$)の式で表すことができます。

68。 ならべ方と組み合わせ方／小数と分数の計算／円の面積／立体の体積

68ページ

1 ①18通り　　　②18通り
2 ①$\dfrac{43}{40}\left(1\dfrac{3}{40}\right)$　　②$\dfrac{23}{15}\left(1\dfrac{8}{15}\right)$
　③$\dfrac{1}{16}$　　　　④16
3 式　$x \times 7\dfrac{3}{5} = 41.8$、$x = 41.8 \div 7\dfrac{3}{5}$
　$x = \dfrac{11}{2}$　答え　$\dfrac{11}{2}\left(5\dfrac{1}{2}、5.5\right)$cm
4 式　$6 \times 12 = 72$　　答え　72cm²
5 式　$(4+7) \times 3 \div 2 = 16.5$
　$16.5 \times 7 = 115.5$　答え　115.5cm³

$= \dfrac{30}{1} \div \dfrac{40}{1} \div \dfrac{12}{1} = \dfrac{30}{1} \times \dfrac{1}{40} \times \dfrac{1}{12}$

$= \dfrac{30 \times 1 \times 1}{1 \times 40 \times 12} = \dfrac{1}{16}$

4 上の半円は、下の長方形の白い部分と重なるので、求める面積は、縦6cm、横12cmの長方形の面積と等しくなります。

おうちのかたへ **1** ①千の位のカードは、1、2、3の3通りです。
②百の位のカードは、1、2、3の3通りです。0のカードを含むときと含まないときにわけて考えてもよいです。

69。 比とその利用／拡大図と縮図／比例と反比例

69ページ

1 ①$x = 30$　　　②$x = 108$
　③$x = 125$　　④$x = 45$
2 ①8：7　　　②3：2
3 ①1.5倍　　②角B…70°、辺DE…8cm
4 ①

時間 x(時間)	0	1	2	3	4	5
道のり y(km)	0	50	100	150	200	250

　②$y = 50 \times x$　　③6時間30分

考え方 **2** ② 分数の比を整数の比になおします。$\dfrac{3}{8} : \dfrac{1}{4} = \dfrac{3}{8} : \dfrac{2}{8} = 3 : 2$
3 ②角Bと角Dの大きさは同じです。
4 ③$325 \div 50 = 6.5$(時間)で、0.5時間は30分なので、6時間30分です。

70。 14 データの活用

70ページ

1 ①47.5kg
　② 6年生 男子の体重　③

6年生 男子の体重

階級(kg)	人数(人)
以上　未満 35 ~ 40	2
40 ~ 45	4
45 ~ 50	7
50 ~ 55	5
55 ~ 60	2
合　計	20

　④45kg以上 50kg未満
　⑤45kg以上 50kg未満
　⑥45kg以上 50kg未満

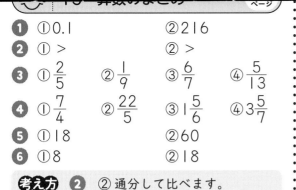

① ①0.1   ②216

② ①＞   ②＞

③ ①$\frac{2}{5}$ ②$\frac{1}{9}$ ③$\frac{6}{7}$ ④$\frac{5}{13}$

④ ①$\frac{7}{4}$ ②$\frac{22}{5}$ ③$1\frac{5}{6}$ ④$3\frac{5}{7}$

⑤ ①18   ②60

⑥ ①8   ②18

考え方 ② ②通分して比べます。

72. 15 算数のまとめ 72ページ

① ①$\frac{9}{10}$ ②$2\frac{53}{100}\left(\frac{253}{100}\right)$ ③$\frac{1}{20}$
④0.375   ⑤3.6   ⑥4.55

② ①23   ②31   ③4.2
④0.6   ⑤149.04   ⑥46
⑦$\frac{13}{12}\left(1\frac{1}{12}\right)$ ⑧$\frac{13}{18}$
⑨$1\frac{17}{32}\left(\frac{49}{32}\right)$ ⑩$\frac{8}{9}$

③ ①$x=18$ ②$x=0.8$

④ ① 式 $x\times8.5\div2=59.5$
$x\times8.5=59.5\times2$
$x=119\div8.5$
$x=14$ 答え $x=14$
② 式 $x\times21=357$
$x=357\div21$
$x=17$ 答え $x=17$

考え方 ① 小数は分母が10や100の分数になおし、約分できるときは約分します。
③ ①$x=35-17=18$
②$x=3.2\div4=0.8$

73. 15 算数のまとめ 73ページ

① a単位…600a、ha単位…6ha

② ① 式 $8.4\times6\div2=25.2$
答え 25.2cm²
② 式 $5.2\times5.2=27.04$
答え 27.04cm²
③ 式 $20\times20+10\times10\times3.14=714$
答え 714cm²

径10cmの円の面積を合わせた面積です。

74. 15 算数のまとめ 74ページ

① ① 式 $3\times3\times3.14\times8=226.08$
答え 226.08cm³
② 式 $20\times12+12\times(36-12)=528$
$528\times15=7920$ 答え 7920cm³

② ①あ、い、う、え   ②あ、う
③う、え   ④あ、い、う、え

考え方 ① ②角柱の体積＝底面積×高さです。底面積をくふうして求めましょう。

75. 15 算数のまとめ 75ページ

① ①65   ②120   ③40   ④36

② ① 辺AE、辺BF、辺CG、辺DH
② 面DHGC   ③ 辺AB、辺DC、辺HG
④ 面AEFB、面DHGC

考え方 ① ①四角形の4つの角の大きさの和は360°なので、
□=360-(90+130+75)=65(°)
②ひし形では向かい合う角の大きさは等しいので、360-60×2=240
240÷2=120(°)
③□=180-(70×2)=40(°)
④正五角形の5つの角の大きさの和は540°なので、1つの角の大きさは108°
右の㋐の三角形は二等辺三角形なので、aの角は、
(180-108)÷2=36(°)
したがって、
□=108-36×2
=36(°)

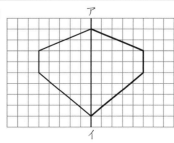

76. 15 算数のまとめ 76ページ

① ①

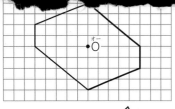

③

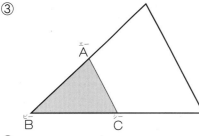

④

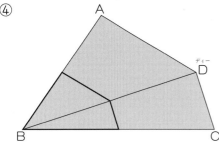

2 ①cm³(mL) ②km
③m² ④g

3 ① 分速 1200m ② 時速 72km

考え方 **1** ①② 方眼の数を利用して、対応する点を見つけます。
④多角形の拡大図や縮図をかくときには、多角形をいくつかの三角形に分けて、考えます。まず、BとDを結びます。そして、BA、BD、BCの長さをはかり、それぞれの半分の長さのところに頂点をとります。

77. 15 **算数のまとめ** **77** ページ

1 ①⑤ ②⑥ ③⑥ ④⑥

2 ① 比例している ②$y=20×x$
③ 式 $100=20×x$
$x=100÷20=5$
答え 5m
④ 式 $y=20×18=360$
答え 360g

考え方 **2** y が x に比例するとき、$y=$きまった数$×x$ の式で表せます。

数×分数／分数÷分数／小数と分数の計算 ページ

1 ①24 通り ②24 通り

2 ①$x=4.8$ ②$x=7.5$ ③$x=5.5$

3 ①$1\frac{1}{15}\left(\frac{16}{15}\right)$ ②$\frac{3}{4}$
③$2\frac{2}{5}\left(\frac{12}{5}\right)$ ④$13\frac{1}{3}\left(\frac{40}{3}\right)$ ⑤$\frac{8}{21}$
⑥$\frac{8}{25}$ ⑦$1\frac{1}{3}\left(\frac{4}{3}\right)$ ⑧$4\frac{1}{6}\left(\frac{25}{6}\right)$
⑨$6\frac{2}{5}\left(\frac{32}{5}\right)$ ⑩$\frac{63}{80}$

79. 対称／円の面積／立体の体積／比とその利用 **79** ページ

1 ①②

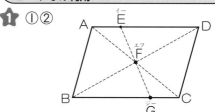

2 ①50.24cm² ②56.52cm²

3 ①1080cm³ ②1695.6cm³

4 ①3：4 ②5：4

おうちの かたへ **1** 平行四辺形の 2 本の対角線の交わった点が対称の中心になります。
2 円の面積 = 半径 × 半径 ×3.14
3 立体の体積 = 底面積 × 高さ
4 ②$\frac{7}{12}：\frac{7}{15}=35：28=5：4$

80. 拡大図と縮図／比例と反比例／資料の整理 **80** ページ

1 6cm

2 ①$y=\frac{1}{6}×x$ ②42 枚

3 ① 柱状グラフ(ヒストグラム)
②30% ③300cm 以上 320cm 未満
④320cm 以上 340cm 未満

おうちの かたへ **1** 120m=12000cm
12000÷2000=6(cm)になります。
2 ②$y=\frac{1}{6}×x$ の式のyに 7 をあてはめて、$x=7÷\frac{1}{6}=7×6=42$(枚)
3 ②$(3+3)÷20=0.3$ より、30%です。
③人数がいちばん多いのは、300cm 以上 320cm 未満の階級で 7 人です。